GAONONGDU XIMEI FEISHUI CHULI JISHU

高浓度洗煤废水
处理技术

李亚峰 田 葳 著

U0243695

化学工业出版社
·北京·

本书主要内容包括高浓度洗煤废水的产生与性质，处理洗煤废水常用的混凝剂和絮凝剂，石灰与 PAM 联用处理高浓度洗煤废水，电石渣与 PAM 联用处理高浓度洗煤废水，氯化钙与 PAM 联用处理高浓度洗煤废水，钙镁复配药剂与 PAM 联用处理高浓度洗煤废水，混凝沉淀处理法处理高浓度洗煤废水的机理分析，常用的设备及工程实例等。

本书可供从事煤矿洗煤废水处理的技术人员及相关专业人员学习参考，也可供高等学校环境工程、市政工程及相关专业的师生学习使用。

图书在版编目（CIP）数据

高浓度洗煤废水处理技术/李亚峰，田葳著. —北京：
化学工业出版社，2018.12
ISBN 978-7-122-33182-3

Ⅰ.①高⋯　Ⅱ.①李⋯②田⋯　Ⅲ.①煤泥水处理
Ⅳ.①TD94

中国版本图书馆 CIP 数据核字（2018）第 237499 号

责任编辑：董　琳　　　　　　　　　装帧设计：刘丽华
责任校对：王素芹

出版发行：化学工业出版社（北京市东城区青年湖南街 13 号　邮政编码 100011）
印　　装：高教社（天津）印务有限公司
710mm×1000mm　1/16　印张 11　字数 150 千字　2019 年 1 月北京第 1 版第 1 次印刷

购书咨询：010-64518888　　售后服务：010-64518899
网　　址：http://www.cip.com.cn
凡购买本书，如有缺损质量问题，本社销售中心负责调换。

定　　价：78.00 元　　　　　　　　　　　　　　版权所有　违者必究

前言
F O R E W O R D

高浓度洗煤废水是湿法选煤所产生的工业废水，其中含有大量的煤泥颗粒，而且颗粒表面带有较强的负电荷，久置不沉，难于处理，是煤矿的主要污染源之一。高浓度洗煤废水的有效处理和回用，不仅能够保护环境，而且能够节省水资源，具有显著的环境效益和社会效益。

本书结合著者近几年的研究成果，对混凝沉淀法处理高浓度洗煤废水的工艺方案、处理效果和工艺参数等进行介绍，主要内容包括高浓度洗煤废水的产生与性质，处理洗煤废水常用的混凝剂和絮凝剂，石灰与 PAM 联用处理高浓度洗煤废水，电石渣与 PAM 联用处理高浓度洗煤废水，氯化钙与 PAM 联用处理高浓度洗煤废水，钙镁复配药剂与 PAM 联用处理高浓度洗煤废水，混凝沉淀处理法处理高浓度洗煤废水的机理分析，常用的设备及工程实例等。

本书依据高浓度洗煤废水 SS、COD、ζ 电位、污泥比阻等指标的测定结果，对高浓度洗煤废水的特点及难以处理的原因进行了分析，详尽介绍了混凝剂和絮凝剂的选择，石灰-PAM 法、电石渣-PAM 法、氯化钙-PAM 法和钙镁复配药剂-PAM 法处理高浓度洗煤废水的处理效果和工艺参数的实验研究结果，并进行了较为深入的理论分析，为研究成果的推广应用提供理论依据，并介绍了高浓度洗煤废水处理工程常用的设备以及工程实例。本书可供从事煤矿洗煤废水处理的技术人员以及相关的高校师生学习使用。

本书共分 8 章，第 1 章～第 5 章由沈阳建筑大学李亚峰和抚顺石油大学田葳执笔；第 6 章～第 8 章由田葳和李亚峰执笔。全书由李亚峰定稿。

由于著者的水平有限，书中不妥之处在所难免，请读者不吝指教。

著者
2018 年 8 月

目录
C O N T E N T S

第 8 章　常用的设备及工程实例

参考文献

第1章 ◀◀◀

高浓度洗煤废水的产生与性质

1.1 选煤技术及洗煤废水的产生

1.1.1 选煤技术概述

从地下开采出的原煤含有大量的杂质和灰分，如果直接燃烧不仅会造成煤炭资源浪费，而且还会加重大气的环境污染。选煤是合理利用煤炭资源、保护环境的最经济和最有效的技术，是煤炭加工、转化为洁净煤燃料必不可少的基础和关键环节，通过选煤可以优化产品结构，提高利用效率。因此，国际上公认选煤是实现煤炭高效、洁净利用的首选方案。选煤的目的是去除原煤中的杂质，提高煤炭的发热量和结焦性，降低灰分、硫分，并为减轻燃煤地区的大气污染创造条件。

全世界原煤平均入选比例在 50% 左右，但一些国家明显高于这一比例。如德国为 95%，英国和澳大利亚为 75%，俄罗斯为 62.1%，南非为 60%，美国为 55%（美国未洗选的原煤煤质较好，不需洗选即符合用户要求）。由于这些国家原煤煤质好，分选方法先进，选煤设备性能可靠，因此，精煤产品质量高，炼焦精煤灰分小于 7％，硫分小于 1％，水分小于 10％。

选煤方法有许多种，概括起来可以分为干选和湿选两大类。

（1）干选

干选主要是利用煤与矸石的物理性质差别实现分选的。干选不用水，主要包括风选、拣选、摩擦选、磁选、电选、微波选、空气重介流化床选煤等，其中已实现工业应用的有空气重介流化床选煤和风力选煤。

流化床选煤可分为两类。

① 根据两种颗粒的粒度差别进行分离。其原理是：粒度大的块状物不参与流化，而粒度小的粉状物能够流态化，不参与流化的大颗粒沉在床底，能够流化的小颗粒流态化后不断溢出床面，从而达到分离的目的。

② 气固流化床对矿物的分选。其原理是：以微细颗粒作为固相加重质，形成具有一定密度的流化床层，不同密度组成的被分离矿物（由有用矿物与无用矿物组成）进入流化床层后按床层密度分层，密度小的上浮，密度大的下沉，从而实现气固流化床对矿物的分选。

风力选煤是以空气作为分选介质，在上升气流场中对煤炭按密度进行分选，其分选效果受入选物料的粒度、形状影响较大。风力分选设备主要有风力跳汰机和风力摇床。风力选煤具有适合缺水地区的煤炭分选、无煤泥水处理系统、操作费用低、投资省等优点。但是，由于其适宜的入料煤粒级窄、分选密度下限高、效率低、工作风量大和粉尘污染严重等缺点，应用范围较小。

由于湿选耗水量大，投资及生产费用高，因此，干选技术越来越受到研究人员的重视。如 Douglas 等和 Beeckmans 等均对流化床的气体分布器进行改进，使得分布器的孔径更小，气泡分布更均匀并更容易控制，大大改善了分选效果。Levy 等用气固流化床对微细煤粉进行分选，用磁铁矿粉作为固相加重质，在入料粒度小于 0.55mm 时，取得良好的效果。骆振福等将磁场引入普通流化床，在一定的工艺和操作条件下，形成密度均匀稳定的磁稳定流化床，并用于细粒煤的分选。目前，中国矿业大学为实现全粒级（0～300mm）煤炭干法分选，开展了小于 6mm 细粒级振动空气介质流化床选煤技术、大于 50mm 大块煤深床型空气介质流化床选煤技术、三产品双密度空气重介质流化床和小于 1mm 煤粉摩擦电选技术的研究。摩擦电选可分选下限小于 0.043mm 的微细煤粉，而且具有良好的脱硫降灰作用，可得到灰分小于 2% 的超低灰煤。

（2）湿选

湿选利用水或水与矿物组成的悬浮液选煤，包括跳汰、重介和浮游选煤三种方法。虽然湿法选煤耗水量大，费用高，但分选效果好，因此，目前广泛采用的是湿选。我国采用湿选方法选煤的选煤厂约占 94%。

在 20 世纪 80 年代，国外基本以跳汰选为主，到 90 年代，重介选煤的比例已由第二位上升到第一位。如美国的重介选煤比例由原 30% 上升到 45%，而跳汰选煤则由 49% 降至 35%。到 2000 年，美国的重介选煤比例已占 66%，法国占 60%，加拿大占 56%。我国选煤是以跳汰选煤为主。表 1-1 为我国采用的选煤方法所占的比例。我国研制的多次进气 X 系列复配脉动跳汰机可使分选下限最低达到 0.125mm，并降低了顶水耗量。

■ 表 1-1　我国采用的选煤方法所占的比例

方法	跳汰	重介	浮选	其他
比例/%	52	28	14	6

1.1.2　洗煤废水的产生

湿法选煤需要大量的水，以跳汰洗煤为例，每入选 1t 原煤需 3～5m³ 循环水，还需补加部分清水。而这些水经过洗选过程后就含有了大量的细小颗粒，通常把这种含有粒径小于 1mm 的悬浮粒子的洗煤水叫煤泥水，也叫洗煤废水。

洗煤废水有两种：一种是煤质较好的原煤洗选所产生的洗煤废

3

水，这类废水所含的颗粒粒度较大，浓度较低，处理相对比较容易；另一种是高泥质原煤洗选所产生的洗煤废水，这类废水悬浮物浓度高、颗粒细小，且表面带有较强的负电荷，是一种稳定的胶体体系，难于处理。我国有相当数量的原煤是年轻煤种，属于高泥质化原煤，洗选所产生的洗煤废水浓度高，处理难度大。

我国是煤炭生产和消耗的大国，煤炭作为第一能源，在一次能源消耗的结构中占 76%。虽然我国原煤入选率比较低，但全国每年选煤用水量约 $8.4 \times 10^8 m^3$，占全国工业用水量的 0.74%。洗煤废水的外排，严重污染了煤矿周围地区的环境。据调查，我国 532 条河流中，有 82%受到污染，其中 30 条 500km 以上的河流中有 18 条受到洗煤废水的污染。煤矿附近小型水库或鱼塘中的鱼被毒致死的事件时有发生。

煤矿洗煤废水的直接排放，不仅严重地污染了周围的环境，而且还会造成大量煤泥的流失。如果洗煤废水经适当处理后回用于洗煤，不仅解决了环境污染问题，而且还会为企业带来显著的经济效益，其中包括回收煤泥所得、节省洗煤用水的水费和免交的排污费。根据统计，我国每年外排选煤废水含固体悬浮物（煤泥）$30 \times 10^4 t$ 以上，煤泥损失价值 1500 万元，每年为补充洗煤用水多支出水费约 2500 万元，缴纳超标排污费 2000 万元。

洗煤废水的排放也造成了水资源的极大浪费。我国是水资源匮乏的国家，人均水占有水资源量近 2260 m^3，仅为世界人均水占有水资源量的 1/3 左右。2003 年 3 月联合国在"第三届水资源论坛大会（Third World Water Forum）"上发表的"世界水资源开发报告"，对世界上 180 个国家和地区的水资源丰富状况进行排名，中国人均占有水资源量位居第 128 位。水资源短缺已严重阻碍了我国的经济发展和社会进步。洗煤废水在工业废水中占有一定的比例，排放量较大，如果将这些废水进行处理并回用，就能节约大量的水资源，实现水资源的可持续利用，所产生的社会效益是非常显著的。

由此可见，洗煤废水已成为煤炭工业的主要污染源和煤炭损失源之一。洗煤废水的处理与回用不仅对环境保护具有重要意义，同时具有显著的经济效益和社会效益。

1.2 高浓度洗煤废水的性质

洗煤废水的性质与所洗选的原煤性质有关。一般情况下，地质年代较长，煤质较好的原煤所产生的洗煤废水处理难度较小；而地质年代较短的年轻煤种遇水易泥化，选煤所产生的洗煤废水悬浮物浓度和COD浓度都很高，而且颗粒表面带有较强的负电荷，久置不沉，难于处理。

我国有相当一部分原煤属于高泥质，遇水容易泥化。这类原煤洗选会产生难处理的高浓洗煤废水。我国从 20 世纪 60 年代初就开展了这方面的研究工作，但始终没有研究出适合我国国情的处理方法。近些年来，虽然我国有部分煤矿选煤厂开始尝试使用混凝-沉淀二级处理工艺，但由于混凝剂选择不当或处理工艺及工艺参数选择不当，使得这类洗煤废水的处理还存在着处理效果不理想或处理成本太高的问题。要想解决这类洗煤废水的处理难题，必须对其性质、特点进行研究，找到难处理的原因。

1. 2. 1 主要水质指标

本实验研究所用水样取自铁法煤业集团的大隆矿、小青矿和晓明矿。这三个矿所生产的原煤属于年轻煤种，不仅原煤洗选时易于泥化，而且原煤中灰分较高，洗煤后所产生的洗煤废水中悬浮物浓度很高，且颗粒表面带有较强负电荷，是一种非常典型的难处理的高浓度洗煤废水。

表 1-2 是大隆矿、小青矿和晓明矿洗煤废水中 SS、COD 和 pH 值三项指标现场测定结果。

从测定的结果来看，上述三个煤矿所产生的洗煤废水中 SS 含量和 COD 值都很高，是典型的高浓度洗煤废水。其中大隆矿洗煤废水中 SS 平均值为 66648.4mg/L，COD 平均值为 24299.4mg/L；小青矿洗煤废水中 SS 平均值为 69763mg/L，COD 平均值为 27038.4mg/L；

■ 表 1-2 洗煤废水中 SS、COD 和 pH 值测定结果

矿名	水样编号	SS/（mg/L）	COD/（mg/L）	pH 值
大隆矿	1	56382	20345	7.92
	2	63821	22134	8.32
	3	66379	24537	8.39
	4	70729	26832	8.56
	5	75391	27649	8.24
	平均值	66648.4	24299.4	8.36
小青矿	1	64972	27481	8.53
	2	67922	28310	8.71
	3	55865	20265	8.12
	4	74390	28922	8.45
	5	85666	30214	8.31
	平均值	69763	27038.4	8.42
晓明矿	1	79841	28643	8.43
	2	87364	31264	8.32
	3	84266	30861	8.44
	4	77159	27951	8.14
	5	65832	23692	8.51
	平均值	78892.4	28482.2	8.40

晓明矿洗煤废水中 SS 平均值为 78892.4mg/L，COD 平均值为 28482.2mg/L。三个煤矿洗煤废水的 SS 浓度和 COD 值不是一个定值，而且不同时间内 SS 和 COD 值的变化较大。

表 1-2 的测定的结果表明，洗煤废水中 SS 高，COD 也高；SS 低，COD 也低。这说明洗煤废水中的 SS 与 COD 之间存在一定关系。洗煤废水中 COD 的来源主要来自两个方面：一方面是煤泥颗粒本身产生的；另一方面是选煤时投加的药剂产生的。根据以往的研究成果来看，无论采用什么方法处理洗煤废水，都把悬浮物作为主要污染物，只要悬浮物被去除，COD 也就被去除，而且二者可以同时满足回用或排放要求。因此，处理洗煤废水主要考虑悬浮物，把悬浮物作为去除对象，实践证明是合理的。

从 pH 值这个指标来看，三种煤矿洗煤废水均呈弱碱性，平均 pH 值均在 8.40 左右，而且 pH 值基本上是稳定的，与悬浮物的浓度

高低关系不大。

1.2.2　黏度

已有的研究结果表明，洗煤废水一般都是高黏度废水，而黏度是影响煤泥颗粒下沉的重要因素之一，黏度越大，沉降速度越低。因此，需要对洗煤废水黏度进行测定。

（1）实验设备和水样

① 实验设备

恩格列黏度计。

② 实验水样

pH＝8.43，SS＝70450mg/L（小青矿）；pH＝8.39，SS＝69683mg/L（大隆矿）；pH＝8.57，SS＝76463mg/L（晓明矿）。

③ 实验温度

$T＝20℃$。

（2）实验步骤及结果计算

① 实验步骤

将 200mL 洗煤废水装入恩格列黏度计内，测定 200mL 洗煤废水流出所需时间为 $t_{测}$。

② 实验结果及计算

已知标准流体（20℃蒸馏水）流出 200mL 所需时间为 $t_{标}＝51.5s$，根据实验测得 200mL 洗煤废水流出所需时间为 $t_{测}$ 就可以计算恩格列黏度 E。计算公式为：

$$E=\frac{t_{测}}{t_{标}} \tag{1-1}$$

式中　E——恩格列黏度；

　　　$t_{标}$——标准流体（20℃蒸馏水）流出 200mL 所需时间，s；

　　　$t_{测}$——200mL 洗煤废水流出所需时间，s。

将 E 换算为运动黏度 ν，公式为：

$$\nu=\left(7.31E-\frac{6.13}{E}\right)\times 10^{-2} \tag{1-2}$$

式中　ν——运动黏度，cm^2/s。

将运动黏度 ν 换算为动力黏度 μ：

$$\mu = \rho\nu \tag{1-3}$$

式中　μ——动力黏度，$g/(cm \cdot s)$。

　　ρ——洗煤废水的密度，取 $\rho = 1.0g/cm^3$。

三种煤矿洗煤废水的黏度测定计算结果见表1-3。

■ 表1-3　洗煤废水的黏度测定计算结果

矿　名	$t_标$/s	$t_测$/s	E	ν /(cm²/s)	μ / [g/(cm · s)]
大隆矿		67.4	1.31	0.049	0.049
小青矿	51.5	68.7	1.33	0.051	0.051
晓明矿		70.1	1.36	0.054	0.054

从表1-3的实验结果可以看出，上述三种煤矿洗煤废水的黏度较大，均比水的黏度大4倍以上。洗煤废水的高黏度是高浓度洗煤废水难以沉降的因素之一，也增加了处理难度。

1.2.3　动电电位

动电电位即 ζ 电位是表示胶体颗粒荷电状态的一个重要参数。已有的研究结果表明，高浓度洗煤废水是一种比较稳定的胶体体系，煤泥颗粒表面带有电荷，而正因为这些胶体粒子带有电荷，阻止了煤泥颗粒间的相互凝聚，并使得洗煤废水不能发生自然凝聚。因此，为了达到洗煤废水泥水分离的目的，必须投加合适的混凝剂破坏胶体的稳定性，降低 ζ 电位。要想选择适当的凝聚剂，必须首先对煤泥粒子所带电荷的种类以及动电电位的大小，即 ζ 电位进行测定，然后以此为依据进行混凝剂的选择。

动电电位的测定方法有几种，本项研究采用电泳法测定。

（1）实验设备和水样

① 实验设备。电泳仪、电导仪。

② 实验水样。1#水样取自大隆矿，pH=8.39，SS=69683mg/L，电导率 $K = 0.678 \times 10^3 \mu S/cm$；2#水样取自小青矿，pH=8.43，SS

=70450mg/L，电导率 $K=0.794\times10^3\mu S/cm$；$3^\#$ 水样取自晓明矿，pH=8.57，SS=76463mg/L，电导率 $K=0.867\times10^3\mu S/cm$。

③ 实验条件。辅助液：KCl 稀溶液（电导率与加药后洗煤废水样相同）；直流电压 $U=160V$；介电常数 $D=81$；两极间距 $L=8.5cm$。

（2）实验步骤及结果计算

① 实验步骤。将洗煤废水水样和 KCl 稀溶液装入电泳仪内，打开中间的旋塞，观察电泳仪阴阳极液面的变化情况，测定不同时间内液面的变化高度。

② 实验结果及计算。根据 $u_0=hL/tU$ 和 $\zeta=4\pi\mu u_0/D$，得 ζ 电位的计算公式为：

$$\zeta=\frac{4\pi\mu hL}{DtU}300^2 \tag{1-4}$$

式中　ζ——动电电位，V；

　　　h——为液面升高高度，cm；

　　　t——时间，s；

　　　μ——动力黏度，g/(cm·s)。

　　　D、U、L 符号意义同上。

实验测得的时间 t 和液面升高高度 h 见表 1-4。

■ 表 1-4　时间和液面升高高度

时间 t/s	液面升高高度 h/cm		
	$1^\#$ 水样	$2^\#$ 水样	$3^\#$ 水样
0	0	0	0
120	0.17	0.18	0.20
240	0.35	0.37	0.40
360	0.51	0.55	0.59
480	0.68	0.73	0.78
600	0.84	0.90	0.96
720	0.99	1.06	1.14

实验中观察到的现象是阳极液面上升，阴极液面下降，说明胶体颗粒带负电。将表 1-3 的数据代入公式（1-4）计算得：

1$^\#$ 水样（大隆矿）的 ζ 电位为 $-0.050V$；

2$^\#$ 水样（小青矿）的 ζ 电位为 $-0.056V$；

3$^\#$ 水样（晓明矿）的 ζ 电位为 $-0.063V$。

实验结果说明上述三种煤矿洗煤废水都是带有较强负电荷的胶体体系，而且 ζ 电位都比较高，这也是导致这种高浓度洗煤废水难于处理的主要原因之一。

胶体体系的形成主要是因为煤泥颗粒中含大量的 SiO_2 和 Al_2O_3，这两种物质在水溶液中很容易形成表面带电的胶体，其结构分别为：

$$[(SiO_2)_m \cdot nSiO_3^{2-}, 2(n-x)H^+]^{2x-}$$

$$\{[Al(OH)_3]_m \cdot nAlO_2^-, (n-x)H^+\}^{x-}$$

正是这些胶体粒子表面荷电，才使得洗煤废水胶体得以稳定。因此，要想处理洗煤废水必须破坏其胶体的稳定性。

1.2.4　洗煤废水中所含颗粒粒度的分布

洗煤废水中所含颗粒粒度的分布对处理效果有较大的影响，一般来说，大于 $75\mu m$ 的颗粒状煤泥易于沉降、脱水和精选，而小于 $74\mu m$ 的颗粒状煤泥难于沉降、脱水和精选，因此，小于 $74\mu m$ 的微细煤泥颗粒含量高的洗煤废水处理难度大。

煤泥颗粒的粒度分布，尤其是微细级的含量，对洗煤废水的处理有着决定性的意义。因此，在确定处理方案之前，首先应对洗煤废水的粒度分布情况进行分析。粒度分布情况采用粒度分析仪测定。

上述三种煤矿洗煤废水的粒度分布测定结果如表 1-5 所示。其中小青矿 2 个水样的 SS 分别为：1$^\#$ 水样 SS$=70450mg/L$，2$^\#$ 水样 SS$=68734mg/L$；大隆矿 2 个水样的 SS 分别为：1$^\#$ 水样 SS$=64762mg/L$，2$^\#$ 水样 SS$=66159mg/L$；晓明矿 2 个水样的 SS 分别为：1$^\#$ 水样 SS$=76463mg/L$，2$^\#$ 水样 SS$=77394mg/L$。

■ 表 1-5　粒度分布测定结果

水样来源		直径/mm	占总重量的百分比/%
小青矿	1# 水样	> 0.25	9.94
		0.15 ~ 0.25	10.30
		0.125 ~ 0.15	8.01
		0.075 ~ 0.125	12.11
		< 0.075	59.64
	2# 水样	> 0.25	10.12
		0.15 ~ 0.25	10.49
		0.125 ~ 0.15	7.84
		0.075 ~ 0.125	12.23
		< 0.075	59.32
大隆矿	1# 水样	> 0.25	10.79
		0.15 ~ 0.25	9.88
		0.125 ~ 0.15	9.54
		0.075 ~ 0.125	13.32
		< 0.075	56.47
	2# 水样	> 0.25	10.64
		0.15 ~ 0.25	10.64
		0.125 ~ 0.15	9.87
		0.075 ~ 0.125	11.70
		< 0.075	57.15
晓明矿	1# 水样	> 0.25	8.87
		0.15 ~ 0.25	9.30
		0.125 ~ 0.15	8.94
		0.075 ~ 0.125	12.40
		< 0.075	60.49
	2# 水样	> 0.25	7.83
		0.15 ~ 0.25	9.68
		0.125 ~ 0.15	7.48
		0.075 ~ 0.125	12.64
		< 0.075	62.37

由表 1-5 的数据可以看出，上述三种煤矿洗煤废水中微细颗粒所占比例大，其中粒径小于 0.075mm 的颗粒所占比例均在 56% 以上。由斯托克斯公式可以知道，颗粒沉降速度与颗粒的直径平方成正比关系，粒径越小，沉速越小，沉淀分离的难度就越大。由此可见，细小颗粒多也是高浓度洗煤废水难于处理的主要因素之一。

1.2.5 高浓度洗煤废水的过滤性能

对于洗煤废水来说，由于悬浮物含量很高（其悬浮物浓度高于城市污水处理厂二沉池的污泥浓度），如果其过滤性能好，就可直接采用污泥脱水机（多采用板框压滤机）进行脱水。但有些洗煤废水过滤性能较差，直接采用压滤机很难实现泥水分离。高浓度洗煤废水的过滤性能一般都比较差，因此，常采用投加混凝剂的方法进行泥水分离，同时改善沉淀煤泥的脱水性能，使煤泥在过滤时形成颗粒大、孔隙多和结构强的滤饼。

污泥的脱水性能一般采用污泥比阻这个参数来反映。污泥比阻即污泥过滤比阻抗，也就是单位干重滤饼的过滤阻力。污泥比阻值越大，脱水性能越差；污泥比阻值越小，脱水性能越好。一般认为比阻 r 大于 0.4×10^{13} m/kg 时，其脱水性能不好，不能直接进行机械脱水。

采用真空抽滤的方法测定高浓度洗煤废水的污泥比阻如下所示。

（1）实验装置

实验装置主要由真空泵、真空表、布氏漏斗、稳压瓶、量筒等组成，如图 1-1 所示。

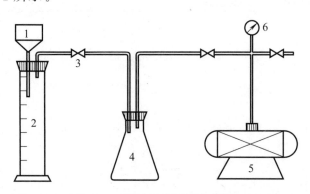

图 1-1 污泥比阻测定装置

1—布氏漏斗；2—量筒；3—阀门；4—稳压瓶；5—真空泵；6—真空表

（2）实验水样及实验条件

① 实验水样：$1^{\#}$水样取自大隆矿，pH＝8.39，SS＝69683mg/L；$2^{\#}$水样取自小青矿，pH＝8.43，SS＝70450mg/L；$3^{\#}$水样取自晓明矿，pH＝8.57，SS＝76463mg/L。

② 过滤材料：定性滤纸，过滤面积约为 $63.59cm^2$。

③ 真空度：$6.50 \times 10^4 Pa$。

（3）实验步骤

① 在布氏漏斗上放置快速滤纸，用水湿润，贴紧漏斗底。

② 启动真空泵，用调节阀调节真空压力到比实验压力小约 1/3，实验压力为 $6.50 \times 10^4 Pa$，使滤纸紧贴漏斗底，关闭真空泵。

③ 取 200mL 洗煤废水放在漏斗内，使其依靠重力过滤 1min，启动真空泵，调节真空压力至实验压力，记下此时计量筒内的滤液体积 V_0。启动秒表，在实验过程中，仔细调节真空度调节阀，以保持实验压力恒定。

④ 每隔一定时间，记下量筒内相应体积 V_1，直到滤饼破裂。测出过滤后滤饼干重。

⑤ 在坐标纸上作 V-t/V 曲线，用图解法求 b 值。

计算公式为：

$$r = \frac{2PA^2 b}{\mu C} \tag{1-5}$$

式中　r——污泥比阻，cm/g 或 m/kg；

　　　A——滤纸过滤面积，cm^2；

　　　b——曲线斜率，s/cm^6；

　　　μ——滤液动力黏度，Pa·s；

　　　P——过滤压力，Pa；

　　　C——滤过单位体积的滤液在过滤介质上截留的干固体中重量，g/cm^3。

（4）实验结果及计算

3 个水样的实验结果分别见表 1-6～表 1-8，V-t/V 曲线如图 1-2～图 1-4 所示。

■ 表 1-6　$1^{\#}$ 水样污泥比阻实验结果

时间 t/s	120	300	600	960	1440	2100
滤液体积 V/mL	8.2	12.7	17.6	22.9	28.8	33.8
t/V/(s/mL)	14.3	23.3	35.7	41.9	50.0	62.13

■ 表 1-7   2# 水样污泥比阻实验结果

时间 t/s	120	300	600	960	1440	2100
滤液体积 V/mL	7.7	12.4	16.9	23.0	27.3	33.3
t/V/（s/mL）	15.58	24.2	35.5	41.7	52.7	63.06

■ 表 1-8   3# 水样污泥比阻实验结果

时间 t/s	120	300	600	960	1440	2100
滤液体积 V/mL	7.3	11.8	16.2	21.0	24.8	31.5
t/V/（s/mL）	16.4	25.4	37.0	45.7	58.1	66.7

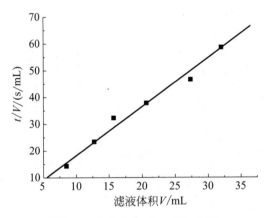

图 1-2   1# 水样 V-t/V 曲线

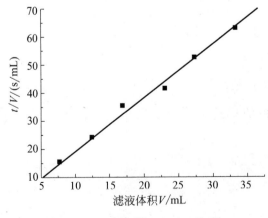

图 1-3   2# 水样 V-t/V 曲线

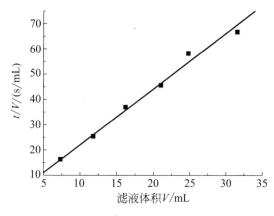

图 1-4　3$^\#$ 水样 V-t/V 曲线

由图 1-2 求得 1$^\#$ 水样 V-t/V 曲线斜率 $b_1 = 1.82\text{s/mL}^2 = 1.82$ s/cm^6；由图 1-3 求得 2$^\#$ 水样 V-t/V 曲线斜率 $b_1 = 1.91\text{s/mL}^2 = 1.91$ s/cm^6；由图 1-4 求得 3$^\#$ 水样 V-t/V 曲线斜率 $b_1 = 2.14\text{s/mL}^2 = 2.14\text{s/cm}^6$。

采用式（1-5）计算各水样的污泥比阻 r，计算结果详见表 1-9。

■ 表 1-9　污泥比阻计算结果

水样编号	真空度 /Pa	曲线斜率 b /(s/cm^6)	过滤面积 A /cm^2	滤液动力黏度 μ / Pa·s	滤渣重量 C / (g/cm^3)	污泥比阻 r / (m/kg)
1$^\#$		1.82		0.001	0.398	2.40×10^{13}
2$^\#$	6.50×10^4	1.91	63.59	0.001	0.403	2.49×10^{13}
3$^\#$		2.14		0.001	0.437	2.57×10^{13}

注：C 为滤过单位体积的滤液在过滤介质上截留的干固体中重量，滤液动力黏度认为与清水黏度一样。

从表 1-9 的计算结果可以看出，大隆矿、小青矿和晓明矿的洗煤废水的污泥比阻值均较大，且大于 0.4×10^{13} m/kg，说明这类高浓度洗煤废水的过滤性能不好，不能直接进行脱水，需要采取一些措施改变其过滤性能。

高浓度洗煤废水的过滤性能较差，难于直接脱水。因此，这类洗煤废水的处理应采用混凝的方法，首先进行泥水分离，然后再对分离出来的煤泥进行脱水。

1.2.6 煤泥矿物组成及发热量

(1) 煤泥矿物组成

煤泥的成分很复杂，各选煤厂煤泥的矿物组成以及岩相特征都不一样。对煤泥的矿物组成进行分析，有助于合理地选择混凝剂，也有助于对混凝过程和混凝机理的理解。取 3 个水样各 100mL，其中 1# 水样取自小青矿，pH＝8.43，SS＝70450mg/L；2# 水样取自大隆矿，pH＝8.39，SS＝64683mg/L；3# 水样取自晓明矿，pH＝8.57，SS＝76463mg/L。经过干燥后，取干煤泥对其矿物组成进行分析，分析结果如表 1-10 所示。

■ 表 1-10 煤泥矿物组成分析结果

水样编号	游离C/%	C/%	SiO_2/%	Al_2O_3/%	TFe/%	Fe_2O_3/%	FeO/%	CaO/%	MgO/%	S/%
1#	11.87	15.48	41.24	17.30	4.31	3.22	3.45	2.28	1.79	0.18
2#	11.40	15.20	41.67	17.45	4.10	2.97	3.21	2.00	1.85	0.14
3#	11.29	15.04	42.01	17.14	4.25	3.08	3.25	2.16	1.67	0.11

从上述的分析结果来看，干煤泥的主要矿物成分是 SiO_2，占 41%以上，其次是 Al_2O_3 的含量，占 17%以上，再次是碳和游离碳的含量，分别为 15%和 11%以上。其余含量较少。由于煤泥中碳和游离碳的含量较高，因此，洗煤废水的 COD 值较高，但由于碳和游离碳都在煤泥颗粒中，所以就会出现 SS 降低，COD 就降低的现象。另外，分析结果还表明干煤泥具有一定的燃烧价值，因为具有相当数量的碳，因此处理选择洗煤废水处理方案时应考虑煤泥回收与利用问题。

(2) 煤泥矿物组成及发热量

上述分析结果表明煤泥具有相当数量的碳，有一定的燃烧价值，因此，应该对煤泥的发热量、固定碳、灰分等进行分析。从上述三个矿各取一个煤泥分析样品，其中 1# 水样取自小青矿；2# 水样取自大隆矿；3# 水样取自晓明矿。三个煤泥分析样品的分析结果如表 1-11 所示。

■ 表 1-11　煤泥发热量等分析结果

煤泥样品编号	发热量/(kJ/kg)	固定碳/%	水分/%	灰分/%	挥发分/%
1#	11350	20.68	2.38	62.38	14.56
2#	11890	21.46	2.41	61.75	14.38
3#	11360	20.31	2.35	62.47	14.87

从上述分析结果可以看出，高浓度洗煤废水中的煤泥具有一定的发热量，所选三个矿的煤泥的发热量均在 11000 kJ/kg 以上。另外，挥发分所占的比例也较大，说明煤泥中含有相当数量的有机质。

1.3　高浓度洗煤废水难处理原因分析及对环境的污染

1.3.1　高浓度洗煤废水的特点及难处理原因分析

（1）高浓度洗煤废水的特点

通过以上洗煤废水性质的分析测试结果可以看出，高浓度洗煤废水是一种呈弱碱性的稳定胶体分散体系，具体有如下几个显著的特点。

① 悬浮物浓度高。高浓度洗煤废水的浓度比城市污水处理厂浓缩池底流的浓度（一般仅为 5000mg/L 左右）要高很多，一般在 70000mg/L 左右。

② COD 的浓度高，但与 SS 的浓度高低存在着一定的关系。SS 的浓度高，COD 的浓度高；SS 的浓度低，COD 的浓度也低。

③ 微细颗粒含量高。从煤泥颗粒粒径分布的测定结果看，高浓度洗煤废水中微细颗粒含量高，小于 0.075mm 的颗粒含量一般在 56% 以上。高浓度洗煤废水中的微细颗粒主要是黏土矿物颗粒，这些颗粒的聚沉稳定性决定着洗煤废水处理的难易程度。

④ 过滤性能差。从实验计算结果可以看出，小青矿、大隆矿和晓明矿洗煤废水的污泥比阻值均大于 0.4×10^{13} m/kg，说明这类高浓度洗煤废水的过滤性能较差，不能采用直接压滤脱水的方法处理。

⑤ 颗粒表面带有较强的负电荷。实验结果说明高浓度洗煤废水中的煤泥颗粒表面都是带有较强负电荷的胶体体系，而且 ζ 电位都比较高，一般在 $-0.050V$ 以上。

⑥ 黏度较高。实验结果表明，高浓度洗煤废水属于高黏度废水，其黏度比水的黏度大 4 倍以上。

⑦ 煤泥颗粒密度小。煤泥颗粒的密度一般在 $1.05\sim1.15kg/m^3$，与水的密度相差不大。

（2）高浓度洗煤废水难处理原因分析

高浓度洗煤废水是一种难处理的工业废水，久置不沉。通过上述的特点分析认为，高浓度洗煤废水难于处理的原因主要包括以下几点。

① 悬浮颗粒带有较强的负电荷，使洗煤废水成为一种稳定的胶体分散体系。颗粒表面带电是洗煤废水稳定的根本原因。

a. 较强负电荷的胶体颗粒之间产生较强的静电斥力，而且 ζ 电位越高，胶粒间的静电斥力越大，胶粒越稳定；

b. 胶粒的布朗运动因胶粒间的静电斥力而使胶体具有稳定性；

c. 胶粒带电能将极性水分子吸引到它的周围形成一层水化膜，从而阻止胶粒间的相互接触。水化膜厚度决定于扩散层厚度，而扩散层厚度又影响 ζ 电位。如果胶粒 ζ 电位消除或减弱，水化膜也随之消失或减弱。

因此，处理洗煤废水首先要降低 ζ 电位，破坏胶体的稳定性，然后再采取其他措施，强化凝聚效果。

洗煤废水胶体体系形成的主要原因是煤泥中 SiO_2 的含量较高。煤泥颗粒表面上的 SiO_2 分子，有一部分与水作用生成硅酸，并进一步离解成 H^+ 和 SiO_3^{2-}：

$$SiO_2 + H_2O \rightleftharpoons H_2SiO_3 \tag{1-6}$$

$$H_2SiO_3 \rightleftharpoons SiO_3^{2-} + 2H^+ \tag{1-7}$$

SiO_2 胶核首先吸附有共同成分的 SiO_3^{2-}，使颗粒表面带有负电，所形成的胶粒结构为：$\left[(SiO_2)_m \cdot nSiO_3^{2-}, 2(n-x)H^+\right]^{2x-}$，这类胶体属于亲水胶体。

其次 Al_2O_3 含量偏高，也是胶体形成的一个重要原因。在洗煤废水的水溶液中，Al_2O_3 有部分分子与水作用生成 $Al(OH)_3$，$Al(OH)_3$ 是两性物质，在适宜的 pH 值范围内离解成 H^+ 和 AlO_2^-：

$$Al_2O_3 + 3H_2O \Longrightarrow 2Al(OH)_3 \qquad (1-8)$$

$$Al(OH)_3 \Longrightarrow AlO_2^- + H^+ + H_2O \qquad (1-9)$$

$Al(OH)_3$ 吸附 AlO_2^- 形成带电胶粒，胶粒结构为 $\{[Al(OH)_3]_m \cdot nAlO_2^-, (n-x)H^+\}^{x-}$。

黏土颗粒的阳离子取代（如三价铝离子取代硅氧四面体中的部分四价硅，三价铁离子取代铝氧八面体中的部分三价铝等）及黏土颗粒表面氢氧基团的电离等也能使颗粒带负电。

另外，炭黑颗粒表面的羟基—OH 和羧基—COOH 基团在水中离解也能使颗粒表面带电，这也是胶体带电的一个因素。

② 微细颗粒含量高是高浓度洗煤废水难处理的原因之一。粒径越小，沉速越小，沉淀分离就越困难。在洗煤废水处理领域，一般认为煤泥颗粒粒径小于 0.075mm 的颗粒是很难靠自然沉降分离的，而高浓度洗煤废水中小于 0.075mm 的微细颗粒含量均高于 55%。

③ 污泥比阻大，过滤性能差是增加高浓度洗煤废水处理难度的因素之一。对于一些洗煤废水，其过滤性能比较好，采用直接压滤脱水的方法就可以实现洗煤废水的闭路循环。高浓度洗煤废水的过滤性能较差，直接压滤脱水很难实现泥水分离，而且也不经济。

④ 悬浮物浓度高、煤泥颗粒密度小以及黏度较高等因素也都是影响高浓度洗煤废水泥水分离的不利因素。

1.3.2　高浓度洗煤废水对环境的污染

（1）悬浮物的污染

悬浮物是洗煤废水中的主要污染因子。洗煤废水中的悬浮物严重超标，一般超标几十倍，有的甚至超标几百倍、几千倍。

表 1-12 为洗煤废水中悬浮物的浓度和几个主要产煤国煤矿废水悬浮物排放标准。

■ 表 1-12　洗煤废水中悬浮物的浓度及排放标准

洗煤废水中悬浮物的浓度 /(mg/L)	几个主要产煤国洗煤废水悬浮物排放标准	
	国家名称	排放标准/(mg/L)
10000～1000000	美国	200
	法国	100
	英国	100～200
	罗马尼亚	70
	日本	150
	俄罗斯	500
	韩国	250
	中国	100（一级标准）

　　洗煤废水中的悬浮物主要是细小的煤粒和黏土类颗粒，这些悬浮物大量进入水域后，水体的浊度增加、透光度减弱，产生的危害主要如下。

　　① 使水体色度加深，透光性减弱，影响水生生物的光合作用，抑制其生长繁殖，妨碍水体的自净作用；

　　② 悬浮固体可能堵塞鱼鳃，导致鱼类窒息死亡；

　　③ 由于微生物对有机悬浮固体的代谢作用，会消耗掉水体中的溶解氧；

　　④ 悬浮固体中的可沉固体，沉积于河底，造成底泥积累与腐化，使水体水质恶化；

　　⑤ 悬浮固体可作为载体，吸附其他污染物质，随水流迁移污染。

　　另外，水体受溶解固体污染后，使溶解性无机盐浓度增加，如作为给水水源，水味涩口，甚至引起腹泻，危害人体健康，故饮用水的溶解固体含量应不高于 500mg/L。工业锅炉用水要求更加严格。农田灌溉用水，要求不宜超过 1000mg/L，否则会引起土壤板结。

　　（2）煤的染色作用对水体的色度影响

　　煤是一种特殊的染色体，对水体有一定的染色作用，从而造成水体的色度严重超标。色度是一种感观性指标，色度较高的水体会引起人们感官不悦。在接纳洗煤废水的水系中，颜色皆呈黑色，严重影响水的透明度，直接破坏自然环境，给人以污浊厌恶之感。尤其是在风景游览地区，影响更大。

（3）选煤药剂的污染

煤泥分选，尤其是采用浮选方法时需要加各种不同的药剂，其中包括起泡剂（松油、杂醇类等）、捕收剂（煤油、轻柴油等）、调整剂（酸、碱等）等，另外在煤泥浓缩、煤泥压滤过程中也要投加絮凝剂，如聚丙烯酰胺等。由于这些药剂的使用，使得外排水中的一些指标超标，给环境造成严重污染，据报道，某选煤厂外排水中油的测定值达25.7mg/L，最高时达95.9mg/L，超出排放标准10倍左右。由于高含量的油类物质会在水面形成油膜，影响水体的复氧，并消耗水中的溶解氧，从而能使水体形成严重的缺氧状态，所以，最终影响水生植物及鱼类的繁殖生长。另外，洗煤废水中的有毒物质、有机物及pH值也是环境的污染源。

（4）各种金属离子的污染

煤炭颗粒和灰分中含有一些金属离子，洗选后有部分金属离子进入洗煤废水中。测定表明，选煤厂外排水较入洗前清水中金属离子含量增高。表1-13为某选煤厂洗煤废水中金属离子的含量。

■ 表 1-13　某选煤厂洗煤废水中金属离子的含量

水　样	K^+ /（mg/L）	Na^+ /（mg/L）	Ca^{2+} /（mg/L）	Mg^{2+} /（mg/L）	Cu^{2+} /（mg/L）	Fe^{3+} /（mg/L）	Mn^{2+} /（mg/L）	Zn^{2+} /（mg/L）
清水	1.4	23.6	61.7	87.5	未检出	未检出	未检出	未检出
尾煤水	3.4	112.6	135.9	91.5	未检出	未检出	未检出	未检出
排放水 I	6.2	103.4	417.4	150.5	2.0	100.0	3.44	2.79
排放水 II	2.4	109.0	83.3	87.5	未检出	1.17	0.18	0.10

1.4　洗煤废水处理技术现状

洗煤废水治理的目标就是泥水分离，即不仅要得到清洁的水，而且还要得到含水率低、易于脱水的煤泥。多年来，世界各国环保专家始终将洗煤废水的处理与回用作为矿山废水处理的一个重点内容进行专项研究。

1.4.1 国外洗煤废水处理技术现状

目前，世界上一些产煤大国如俄罗斯、美国、德国、英国、澳大利亚、乌克兰、南非、波兰等基本上实现了洗煤废水的零排放，分离出来的煤泥也得到了有效的利用。

这些国家的原煤煤质总体较好，分选方法先进，选煤设备性能可靠，产生的洗煤废水适当处理后即能满足回用洗煤的要求。采用的处理基本工艺是：煤泥分选—尾矿浓缩—压滤。国外典型的洗煤废水处理工艺见表 1-14。

■ 表 1-14　国外典型的洗煤废水处理工艺

煤泥水流程	优点	缺点
直接浮选—尾煤浓缩—压滤	易于实现洗水闭路；精煤得到充分回收；经济、环境效益好	投资大；运行成本高
煤泥重介选—尾煤浓缩—压滤	粗煤泥分选精度高，投资较小	精煤泥回收下限 0.1mm；尾煤量大
煤泥水介重力选—粗煤泥直接回收—细煤泥浓缩压滤	投资和运行费用比直接浮选—尾煤浓缩—压滤流程稍低	适于分选密度在 1.6kg/L 以上的易选粗煤泥；细煤泥量大、脱水困难

煤泥分选设备性能的优劣直接影响洗煤废水的性质及处理的难易程度。近几年，世界各国非常重视高效煤泥分选设备的研制与开发。美国 Yang D C 研制开发杨氏填充式跳汰机，能够有效分选小于 $25\mu m$ 微细颗粒，并具有较好的脱硫降灰的功能。杨氏填充式跳汰机又名柱式跳汰机，于 1996 年申请了国际专利。其主要特点是在跳汰室内放入充填物形成若干个格槽，形成一个既有稳态又有脉动的上升水流。脉冲水流由柱底附近给入，物料在网格式上升液流的作用下进行分层，重物料颗粒由底部排出，轻物料颗粒由顶部溢流排出。澳大利亚研制的 Kelsey 离心跳汰机可分选 $0.063\sim0.038mm$ 的煤泥。美国研制的 Falcon 离心分选机，工作时产生的离心力为 300g，可有效

分选 0.6～0.043mm 的煤泥。澳大利亚研制的干扰床层分选机（TBS）利用干扰床层实现按密度分层，分选最佳粒度范围为 3～0.25mm。

重介质选煤，特别是重介质旋流器选煤已越来越被选煤界人士认可。重介质旋流器自 20 世纪 40 年代问世以来，经不断改进与发展，其基本结构形式和性能发生了很大变化，除传统型旋流器外，目前还出现了平底型和切线排料型旋流器等。研究表明，切线排料的平底型旋流器的入料量和底流排量比传统型旋流器分别高 21% 和 75%。圆筒形重介旋流器在近 20 年里得到了较大的发展，出现了有压入料的涡赛尔旋流器和无压给料的戴纳型重介旋流器（D. W. P）。早在 20 世纪 80 年代，英国煤炭公司研制开发了 IARCODEMS 圆筒形重介质旋流器，分选 100～0.5mm 级原煤，该设备的最大直径为 1.2m。

改进旋流器结构，减少紊流的影响一直是研究重点。南非的 J Bosman 对旋流分离器的分离效果进行研究，认为涡流式渐开线入料口的旋流器具有最大单机处理能力，并建议采用轴流式旋流器，可以改善进入溢流中的短路斜流。如果借助水喷射器将水喷射到旋流底部，可使进入底流中的短路斜流减少 50%。澳大利亚 JK 矿业中心开发的一种新型分级旋流器（JKCC），机体上部轴向逐渐收缩，并呈锥形，溢流管采用厚壁和特殊形状，底流口径向面上设凸台。实验证明，其分离效果明显优于传统旋流器。

煤泥重介旋流器近几年研究的也比较多。澳大利亚 JK 矿业中心研制成功的 JKDMC 新型结构重介质旋流器，采用超细磁铁矿介质（小于 90μm）分选煤泥，对 1～0.125mm 或 0.5～0.125mm 粒级取得了较好的分选效果。南非也在研究用 φ150mm 重介质旋流器、小于 10μm 占 50% 的磁性介质分选煤泥，但实践证明难度较大。可行的办法是采用较大直径重介质旋流器，采用微细介质和低压入料分选煤泥。Custom 煤炭总公司的初步实验表明，采用微细磁铁矿粉重介质旋流器工艺可以有效地处理 0.105～0.025mm 级粉煤，但介质回收问题尚未根本解决。南非的研究人员提出，分选小于 0.075mm 的粉煤，介质的粒度组成中小于 0.01mm 的含量必须大于 50% 才能取得良好的分选结果。

浮选是唯一可以选到 0mm 的煤泥分选方法，是目前国外采用比较多的一种煤泥分选方法，主要用于粒径小于 0.5mm 煤泥的分选。浮选分正向浮选和反向浮选，煤泥浮选常用正向浮选。正向浮选是在浮选机内加入煤的捕收剂以及适量的起泡剂，将煤浮出。煤的捕收剂通常采用烃类油，如煤油等。

关于煤泥浮选，目前国外研究较多的主要有两个方面：一方面浮选药剂；另一方面浮选设备。实验观察和理论预测结果表明浮选速度是矿粒粒径的函数。投加浮选药剂的目的是改善被浮选煤泥颗粒表面的性质，增加煤泥颗粒的粒径。浮选药剂的研究包括药剂的选择与投加、调整剂的种类与投加等。耶尔德兹技术学院的埃森波拉特在浮选液中加入少量含有无机阳离子的 $FeCl_3 \cdot 6H_2O$ 后，使煤的电动-电位降低，提高煤的可浮性。美国等研究将油性浮选药剂乳化，使之分散在水介质中，形成均匀的乳浊液后再进行投加。由于水性乳浊液易于同水性矿浆混合接触，药剂更易被煤粒吸附，使煤粒表面的疏水性和煤粒的可浮性进一步提高，从而节省了浮选药剂。美国 R-H Yoon 等采用新开发的药剂对韩国的无烟煤煤样进行了实验室实验，可成功地分选上限为 2~3mm 的煤炭，并对 0~1.41mm 煤泥进行半工业性实验，取得了很好结果。为解决弥散型煤泥浮选问题，J Brubinstein 等通过使用添加剂，研究提高细煤泥浮选速度及其选择性的专门工艺，选择用药剂调节煤泥浮选条件和采用特定空气动力学条件的多段浮选柱等方法来提高细粒煤的浮选效率。

近 10 年来，国外一些研究人员采用选择性双向絮凝技术分选极细粒煤。选择性双向絮凝所用絮凝剂具有选择性，根据可燃体和非可燃体两部分颗粒表面性质的不同进行凝聚，所用絮凝剂只与亲水性非可燃体进行作用，通过高分子絮凝剂的桥联作用将其絮凝成团沉降，可燃体则根据自身疏水性，在添加适量的非极性烃类油增大其疏水性后，通过高速搅拌絮凝成团浮起，从而达到煤粒和煤泥的分离以及煤泥与水的分离。

浮选设备的研究重点主要是集中在气泡发生器和浮选柱高度两个

方面，总的发展趋势是由内部充气型向外部充气型发展，由高柱型向低柱型发展。目前使用的气泡发生器有内部发泡器和外部发泡器。内部发泡器主要形式有：主管发泡器、过滤盘式发泡器、砾石床层发泡器、电解微泡发生器。如印度研制的电解浮选柱是在其底部安装电极，靠电解水产生的微小氢气、氧气气泡碰撞并附着疏水煤粒，对细小的煤泥颗粒浮选效果好。

外部发泡器主要形式有：旋流型发泡器、气/水发泡器、美国矿业局型发生器等。如美国犹他大学 Mmer 教授研制发明的旋流充气浮选柱。这种浮选柱是将重选水力旋流器与浮选相结合的产物。其主要特点如下。

① 矿浆切向压力给入，将从多孔柱壁压入的空气剪切成气泡，气泡从柱壁向柱中心移动过程中，与颗粒发生碰撞附着，矿化速度高，因而浮选速度快，其处理能力相当于同容积浮选机的 50 倍。

② 沉砂环形排矿，矿浆基本属于"塞流"。

③ 设备体积小，多孔介质孔眼不易堵塞。缺点是器壁磨损较严重，参数变化敏感性较大。

浮选柱按柱体高度分为高柱型和低柱型两种。用于煤泥分选高柱型浮选柱有加拿大 Boutin 浮选柱、Flotair 浮选柱、波兰 KFP 型浮选柱、Leeds 浮选柱、MTU 充填介质浮选柱、电浮选柱、磁浮选柱等。高柱型浮选柱由于大多数是在层流流态下进行矿化与分离，因而碰撞矿化效率低，矿浆停留时间长。低柱型浮选柱是当前浮选柱的研究热点，典型的低柱型浮选柱有全泡沫浮选柱、Wemco/Leeds 浮选柱、美国的旋流浮选柱、澳大利亚的 Jameeson 浮选柱等。

目前，在国际上出现了一种载体浮选的新概念，即用可浮性较高的颗粒（通常为粗颗粒）为载体携带难浮选颗粒。煤泥中待浮选的细颗粒覆盖在附属物或载体颗粒上，使带有覆盖层的颗粒浮起。G Atesok 等的研究表明，载体最佳粒度为 $0.1\sim0.3mm$，被载体与载体之比的最佳值为 0.02。此时，从灰分为 16.3%、全硫分为 2.0% 的入料中，可选出粒度为小于 0.038mm 的细粒精煤，其灰分为 8.3%、全硫分为 0.72%、产率为 81.0%。究其原因，主要为载体和被载体颗粒之间因电荷相反而产生静电吸引力，在团粒表面上最终达到疏水-亲水平衡，从而产生气泡和团粒的杂凝聚现象。

煤泥浓缩目前国外常采用的设备有耙式浓缩机、深锥浓缩机、煤泥沉淀池等。耙式浓缩机用于煤泥水或浮选尾煤水的浓缩及澄清。深锥浓缩机用于处理各种煤泥水（特别是浮选尾煤）以得到高浓度的沉淀及洁净的溢流。煤泥沉淀池主要用于回收煤泥或浮选尾煤以及澄清滤液和离心等。煤泥沉淀池包括分段沉淀池、通用煤泥沉淀池和尾矿场。耙式浓缩机在国外使用较多，不仅处理能力大，而且溢流水质也好。例如在澳大利亚南 Walker Greek 煤矿，原煤处理量为 600t/h 的重介质选煤厂（入料范围 0～60mm），仅设 1 台 14m 直径的耙式浓缩机，即可以处理全厂 $1140m^3/h$ 的尾矿，并实现洗水闭路循环。

多数煤泥浓缩需要投加凝聚药剂，强化煤泥的沉淀与浓缩。投加的凝聚药剂主要有铝盐、铁盐混凝剂和有机高分子絮凝剂，如非离子型的聚丙烯酰胺等。Schroeder 等早在 1984 年就详细地研究了细粒级洗煤废水的胶体稳定性和铝盐混凝剂对洗煤废水的脱稳凝聚作用。

煤泥脱水也是洗煤废水处理的一个重要环节。目前国外采用的脱水设备有过滤机、精煤压滤机、离心机和筛机。在 20 世纪 80 年代以前，浮选精煤主要采用盘式真空过滤机脱水，滤液浓度在 30～50g/L，不能直接回用洗煤，过滤电耗在 15kW·h/t 以上。随着过滤技术进步，加压过滤机和精煤压滤机得到迅速应用，其优点是产品水分低、运行费用小。加压过滤机产品水分 16%～20%，滤液浓度小于 8g/L，过滤电耗仅为真空过滤机的 1/4～1/3；精煤压滤机产品水分一般小于 24%，滤液中基本无固体物。煤泥离心机主要用于煤泥重介或水介分选产品的最终脱水设备，产品水分在 16% 左右，回收粒度下限 0.1mm。沉降过滤式离心机被用于更细的煤泥脱水。各种类型的高频振动筛已被用于煤泥脱水，但其处理能力小，回收效率低，产品水分高。

俄罗斯是产煤大国，选煤厂洗煤废水处理系统也比较完善。俄罗斯洗煤废水处理系统的技术方向是取消厂外尾煤沉淀池，利用浮选或絮凝沉淀实现洗煤废水的闭路循环。俄罗斯洗煤废水处理系统主要有四种方案。

① 第一种方案是所有进入洗煤废水处理车间的洗煤废水均进入浓缩工序进行浓缩，溢流水直接回用洗煤，浓缩底流再进行过滤。这种方案适用于入选粒度下限为 20mm 或 0.5mm 的选煤厂，且煤泥可滤性指标为易滤或中等可滤。

② 第二种方案是煤泥先按粒度进行分级，所使用的设备为弧形筛、振动筛、水力旋流器，然后再用 1 台小筛孔机进行筛分以最大限度地减少浓缩工序的入料量。小筛孔筛机的筛下水与水力旋流器的溢流也在浓缩机内加药絮凝沉淀，溢流水直接回用洗煤，浓缩底流再进行过滤。这种方案适用于入选粒度下限为 20mm 或 13mm 的选煤厂，且煤泥可滤性指标为难滤或极难滤。

③ 第三种方案是将洗煤废水处理分为两个阶段。在第一阶段，煤泥首先采用角锥沉淀池按粒度分级，底流用弧形筛和振动筛进行分级，筛下产品进入耙式浓缩机浓缩沉淀。溢流水进入耙式浓缩机，浓缩机的溢流水进入第二阶段的耙式浓缩机加药絮凝沉淀，底流用圆盘式真空过滤机脱水。在第二阶段，用另一台耙式浓缩机加药絮凝沉淀第一阶段耙式浓缩机的溢流水，第二阶段耙式浓缩机的溢流水全部返回工艺系统利用，底流用压滤机脱水。这种方案适用于入选粒度下限为 0.5mm 的选煤厂，且煤泥可滤性指标为极难过滤。

④ 第四种方案是一个组合方案，把大约 50% 的洗煤废水（角锥沉淀池溢流水）直接进行浮选，浮选精煤用圆盘式真空过滤机脱水，浮选尾煤用分级水力旋流器进行分级，其溢流进入添加絮凝剂的耙式浓缩机澄清，底流进入压滤机脱水。另 50% 的洗煤废水进入不添加絮凝剂的耙式浓缩机内进行预浓缩，溢流水直接回用，底流水进入水力旋流器，旋流器的溢流水进入添加絮凝剂的耙式浓缩机澄清，底流进入筛孔为 0.3mm 的振动筛分级，筛下水进入耙式浓缩机澄清。

在上述处理工程中，投加的絮凝剂主要是俄罗斯生产的阳离子型聚丙烯酰胺和煤塔斯絮凝剂（阳离子型）。

从上述的分析介绍可以看出，国外发达国家洗煤废水的处理系统都比较完善，洗煤废水得到了有效的处理，基本实现了闭路循环。洗煤废水处理所采用的煤泥分选—尾矿浓缩—压滤处理工艺的各工艺单元的设备性能都比较好，尤其是煤泥分选设备性能好，为洗煤废水的后续处理煤泥浓缩和煤泥脱水创造了良好的条件。另外，由于入选的原煤性质较好，分选后的洗煤废水处理难度不是很大，因此，处理效果较好。

国外发达国家在洗煤废水处理所用的凝聚药剂研究较少，在浓缩和脱水阶段所投加的凝聚药剂比较单一，主要是有机高分子絮凝剂。但有机高分子絮凝剂的价格较高，单独投加有机高分子絮凝剂的处理成本也较高。因此，国内洗煤废水的处理不能照搬国外的经验，应结合我国的实际情况，研制开发出高效低耗的处理技术。

1.4.2　国内洗煤废水处理技术现状

我国是产煤大国，虽然原煤入选率低于世界平均水平，但原煤入选量和入选率还是有很大程度的提高。洗煤废水的处理与回用与原来相比也有了长足的进步，洗煤废水的闭路循环率有了很大的提高。表1-15为我国选煤厂洗煤废水闭路循环率。

■ **表 1-15　我国选煤厂洗煤废水闭路循环率**

年份/年	2005	2006	2007	2008	2009	2010	2011	2012	2013	2014	2015
入选量/×10^8t	7.0	7.8	11.0	43.5	14.5	16.5	18.7	20.4	21.7	24.2	24.7
入选比/%	31.9	32.9	43.5	44.8	47.1	50.9	53.0	56.0	59.0	62.5	65.9
洗水闭路循环率/%	88					92					95

虽然目前我国大部分洗煤废水已实现闭路循环，但全国每年仍要排放大量的洗煤废水。并且随着原煤入选率的提高，洗煤废水的排放量还要增加。

洗煤废水没有闭路循环的主要原因有以下两个方面。

① 我国有相当一部分原煤遇水易于泥化，产生的洗煤废水浓度高，处理难度大。虽然选煤厂设有洗煤废水处理系统，但处理效果不理想，没有达到回用洗煤的要求，因此，只能直接排放。

② 一些小型选煤厂的洗煤废水处理工艺不完善。洗煤废水处理系统投资和生产费用大，直接经济效益低，因此，一些小型选煤厂仅采用重力浓缩或重力沉淀等简单工艺处理洗煤废水，处理水质难以得到保证。

目前我国洗煤废水完善的处理工艺与国外基本一致，即煤泥分选—尾矿浓缩（沉淀或气浮）—压滤，但也有相当一部分选煤厂处理工艺不完善。表 1-16 为我国洗煤废水处理典型工艺。

■ 表 1-16　我国洗煤废水处理典型工艺

煤泥水流程	优点	缺点	应用场合
直接浮选—尾煤浓缩—压滤	易于实现洗水闭路；精煤得到充分回收；经济、环境效益好	投资大；运行成本高	大中型炼焦煤选煤厂
煤泥重介选—尾煤浓缩—压滤	粗煤泥分选精度高，投资较小	精煤泥回收下限0.1mm；尾煤量大	全重介、难浮煤泥选煤厂
煤泥水介重力选—粗煤泥直接回收—细煤泥浓缩压滤	投资和运行费用比直接浮选—尾煤浓缩—压滤流程稍低	适于分选密度在1.6kg/L 以上的易选粗煤泥；细煤泥量大、脱水困难	动力煤选煤厂及小型炼焦煤选煤厂
洗煤废水浓缩—直接回收	投资较小	经济效益低；煤泥脱水困难，设备用量大；洗水闭路难度大	动力煤选煤厂及小型炼焦煤选煤厂
煤泥沉淀池	投资小，生产费用低	洗水不能闭路循环；环境污染重；资源浪费严重	小型选煤厂

（1）煤泥分选

我国煤泥分选主要以浮选机为主，占煤泥分选设备的 90% 以上，其分选上限一般在 0.5mm。20 世纪 80 年代以来，浮选柱技术发展较快，适用于极细粒煤的分选，目前全国已有多个煤矿在使用。其中具有我国自主知识产权的微泡浮选柱和 FCSMC—6000×6000 旋流-静态微泡浮选床在国内选煤厂应用广泛。

为了提高细粒级难浮煤和氧化煤的浮选效果，何杰从表面化学基本理论出发，分析了煤的本征表面性质与润湿性间的关系，探讨了表面活性物质的性质、浓度以及溶液的 pH 值等因素对润湿性的影响。林玉清等分析了煤泥氧化后对可浮性的影响及加添加剂可改变氧化煤泥的疏水性，并对潞安煤泥氧化后添加 OC—01 添加剂进行浮选实验，证明其对改善煤的可浮性和选择性有一定效果。湖南省煤炭科学研究所合成了兼具选择性和分散性的 FO 系列药剂，实验证明可取得节油和提高精煤产率的效果。程双武等研制开发的 FH 高效煤泥浮选促进剂能够大大降低浮选药剂用量，当促进剂投加量占总药剂量的 1％时，浮选药剂用量降低 25％，精煤产率却提高了 2.19％。王怀法等对高灰极难浮煤泥进行了絮凝浮选的研究，考察了团聚剂用量及种类、搅拌调浆浓度、分散剂用量等工艺因素对浮选的影响，获得优于常规浮选的分选效果。杨宏丽等开展了煤泥反浮选的研究探索，考察了捕收剂种类和用量对煤泥反浮选效果的影响。结果表明，基本达到了正浮选的指标，但药剂耗量较大，有待进一步研究。郭德等以杏花选煤厂为例，分析了矸石易泥化、黏土含量大、水质软等问题，通过煤泥浮选最佳粒度组成的确定，采用脱泥浮选流程，全面改善了浮选、过滤、澄清等效果，并提出耙式浓缩机是原煤脱泥的理想设备。罗道成等针对褐煤可浮性差，传统浮选法不能分选的问题，提出了温度在 25℃，用 NaOH 溶液对其进行预处理，用甲基二乙醇酰胺对其表面进行改性，然后用 C 重油进行造粒，再用少量仲庚醇对造粒褐煤进行浮选的新方法。试验结果表明，可以很好地浮选回收细粒褐煤。

（2）混凝沉淀

投加絮凝剂和混凝剂处理洗煤废水是我国常用的一种处理方法，所采用的药剂主要有以下几种。

① 有机高分子絮凝剂。有机高分子絮凝剂是洗煤废水处理最常

用的药剂，对于粗颗粒含量多的洗煤废水，只要投加一种有机高分子絮凝剂就可以保证洗煤废水达到闭路循环的标准。对于细颗粒含量多、黏土含量高的洗煤废水，只投加有机高分子絮凝剂难以保证洗煤废水的处理效果。在这种情况下，需将无机盐类混凝剂和有机高分子絮凝剂配合使用。常用的有机高分子絮凝剂主要是聚丙烯酰胺或其衍生物的高聚物或共聚物，具体可分为非离子型、阴离子型和阳离子型。

阳离子聚季铵盐丙烯酰胺接枝共聚物（PQAAM）是一种高分子聚电解质，在水中以离子存在，它含有季铵离子，对胶体表面负电荷中和能力强。另外，絮凝剂分子量大，酰铵基与煤粒表面 H、O 形成氢键，增加了吸附架桥作用，有利于絮凝沉降。

太原理工大学的郭玲香等采用阳离子聚季铵盐丙烯酰胺接枝共聚物与 PAM 联用处理庞庄处理洗煤废水，当 PQAAM 与 PAM 联合用量为 6mg/L 时沉降速度为 0.743cm/s，透光率为 87%。

中国矿业大学的朱红等研制开发了以多胺类阳离子絮凝剂为主体的有机复配阳离子絮凝剂 PN-5。PN-5 絮凝剂不仅能够凭借其阳离子性中和煤泥表面负电荷，压缩煤泥表面双电层起絮凝作用，同时，多胺大分子链上的亚氨基（—NH—）与煤泥表面发生较强的氢键吸附而起架桥作用，因此，处理洗煤废水具有较好的效果。PN-5 絮凝剂与 PAM 联合使用处理淮北矿务局石台选煤厂和徐州矿务局权台选煤厂的洗煤废水，均获得满意的效果。石台选煤厂浓缩机溢流浓度从 60g/L 降至 0.3g/L，达到了洗水闭路循环标准。

北京理工大学的张崇淼等开展了聚酰胺-胺（PAMAM）树形分子在洗煤废水处理中的应用研究工作。PAMAM 树形分子是一种内部具有树枝状结构的球形分子，表面有很多—NH$_2$ 基团。伯胺基在酸性条件下带正电，能与煤泥水中带负电胶粒中和，压缩双电层，降低 ζ 电位，破坏胶体稳定性。—NH$_2$ 基团有很强的配位络合作用，可与胶粒表面芳香基团络合，生成电中性物质，加速胶体凝聚。此外，树形分子具有大量空腔，在一系列次价键力作用下，与煤泥水胶粒发生吸附作用，提高处理效果。在对铁法小青矿洗煤废水处理实验中效果优于传统方法，上清液分离率为 53.6%，浊度降至 4.43 度。

李万捷等研究了在微波场中聚丙烯酰胺（PAM）絮凝剂的合成，研究结果表明，利用微波辐射方法合成 PAM 絮凝剂，时间短，效率高，反应灵敏，加热均匀，分子量分布均一，对选煤废水的处理效果较常规加热法制备的 PAM 絮凝剂好。

② 无机盐类混凝剂。单独投加无机盐类混凝剂一般情况下难以保证洗煤废水的处理效果，实际工程中常常是将无机盐类混凝剂和有机高分子絮凝剂配合使用。常用的无机盐类混凝剂主要有铝盐、铁盐等。投加无机盐类混凝剂的作用是增加溶液中正离子浓度和扩散层中反离子浓度，压缩双电层，降低煤泥颗粒表面负电位，促进颗粒凝聚。有机高分子絮凝剂的作用是通过吸附架桥将多个颗粒联合起来形成絮团而沉降。这种方法在国内应用得较多。

在铝盐应用方面，庞庄选煤厂采用硫酸铝与 PAM 配合使用处理洗煤废水，尾煤浓缩机溢流水浓度从 80～90g/L 降至 0.35g/L。大兴矿采用同样工艺处理洗煤废水也取得较理想的效果，实现了洗煤废水的闭路循环。在八一选煤厂，采用氯化铝与 PAM 配合使用处理洗煤废水，当氯化铝投加量为 12g/L，PAM 投加量为 1.6g/L 时，外排水悬浮物浓度可达 0.724g/L。

在铁盐应用方面，辽宁工程技术大学的柳迎红等投加 $FeSO_4 \cdot 7H_2O$ 和 PAM 两种絮凝剂处理阜新清河门矿洗煤废水，采用三点加药方式，即先投加 PAM，再投加 $FeSO_4 \cdot 7H_2O$，最后投加 PAM，使该矿洗煤废水悬浮物从 10g/L 降至 0.268g/L，实现了洗水闭路循环。

③ 无机高分子絮凝剂。在洗煤废水处理中采用的无机高分子絮凝剂主要有聚合硫酸铁、聚合氯化铝、聚硅硫酸盐、聚合氯化铝铁等。

聚合硫酸铁是硫酸铁水解产物，产品中含有各种核羟基络合物，如 $Fe_2(OH)_3^{4+}$，$Fe_3(OH)_6^{5+}$，$Fe_4(OH)_6^{6+}$，这些多核络合物在吸附煤泥颗粒的同时，中和颗粒表面负电荷，压缩颗粒双电层，降低 ζ 电位，破坏煤泥水胶体稳定性，促进颗粒絮凝沉淀。沫江洗煤厂用聚合硫酸铁处理洗煤废水，取得良好的处理效果，废水中的悬浮物浓度从 14.067g/L 降至 0.119g/L，其他各项指标也都达到排放标准。

聚硅金属盐混凝剂是一种无机高分子混凝剂。它是由活性硅酸和金属盐复配而成。因此，它既有硅酸分子量高，吸附架桥能力强的特点，又具有金属较强电中和能力。山东矿业学院的宋永会等用聚硅硫酸铁（PFSS）处理肥城矿务局杨庄煤矿废水，除浊效果好，只需加入 20mg/L，就可使洗煤废水的浊度从 580 度降至 10 度以下。含铝离子的聚硅酸复配混凝剂（APSA）对洗煤废水同样有良好处理效果，当投加量为 8mg/L 时，悬浮物浓度从 240mg/L 降至 5.8mg/L，再投加 PAM 可使矾花大而紧密，沉降速度加快。

聚合氯化铝铁絮凝剂（PAFC）是一种新型无机高分子絮凝剂。该絮凝剂既具有聚合铝盐碱基度高，对原水适应性强的特点，又具有聚合铁分子量大，絮体沉降快的优点。当洗煤废水中加入 PAFC 絮凝剂后，PAFC 中高电荷的铝铁多核络合物充分发挥电中和作用，使带负电荷的煤泥胶体相互凝结成更大的胶团。由于 PFAC 分子量高，该絮凝剂的水解产物对脱稳的煤泥胶团和氢氧化铁微絮体具有良好的黏接架桥和网捕卷扫作用。沙曲选煤厂洗煤废水的处理应用结果表明，PAFC 絮凝剂对洗煤废水处理效果优于聚合氯化铝，当投加 PAFC 29g/m³，PAM 3g/m³ 时，浓缩机溢流浓度从 120g/L 降至 1g/L。

聚氧硫酸根合高铁是以硫酸亚铁为原料，通过固相化学反应方法研制而成的新型铁系无机高分子净水剂。它溶于水后，生成聚铁阳离子，阳离子带有正电荷，能有效降低煤泥水颗粒表面的 ζ 电位，同时吸附带负电的泥质颗粒，破坏悬浮液稳定性。黑龙江科技学院的白青子实验研究结果表明，聚氧硫酸根合高铁与 PAM 联合使用处理洗煤废水，颗粒凝聚效果好，沉降迅速，处理后水质较清，透光率为 83%。

陶斯文等研制开发的 710 净水剂是一种无机高分子铝铁复配液态絮凝剂。该絮凝剂既具有铝盐混凝效果好的特点，又具有铁盐絮体大，沉降速度快的优点。芦岭矿选煤厂的应用结果表明，710 净水剂与 PAM 配合使用处理洗煤废水，出水的悬浮物浓度为 $130mg/L$，沉降速度达 $6.0cm/s$，同时减少设备腐蚀，创造了显著的经济效益。

符建中等研制开发的无机高分子铁钙铝混凝剂（PFCA）对洗煤废水的处理具有理想的效果，并且节省 PAM 的用量。PFCA 是在聚铁液体产品基础之上，通过钙铝等离子部分取代其中的 Fe^{3+}，制备出的新型无机高分子混凝剂。PFCA 秉承了聚铁电中和能力强，分子量较大的优点。同时，由于 Al^{3+} 的加入使它具有了铝盐的特点，Ca^{2+} 的加入增加了它的电中和能力，又增加了溶液的硬度，而提高水质硬度，可改善煤泥水特性，提高煤泥水处理效果。透射电镜分析表明，PFCA 比 PFS 具有更大更致密的网状空间结构，说明 PFCA 具有更大的分子量，具有卷扫网捕的作用。

除了上述所用的药剂外，一些研究人员还利用一些废弃物作为混凝剂处理洗煤废水。辽宁省环境保护科学研究所的张建国等利用废弃的硼泥处理洗煤废水，当投加硼泥量为 $0.20kg/L$ 时，煤泥水浓度从 $49g/L$ 降至 $0.09g/L$。用硼泥处理煤泥水既解决了硼泥占地污染土壤，又解决了洗煤废水严重污染水体的环境问题，符合以废治废原则，值得推广。东北大学苏永渤等采用电石渣与 PAM 联用处理洗煤废水也取得理想的处理效果，处理后洗煤废水的各项指标均达到污水排放标准和回用洗煤的标准。

（3）重力浓缩沉淀

重力浓缩沉淀是洗煤废水处理常用的一种方法，常用设备主要有：耙式浓缩机、深锥浓缩机、旋流器、沉淀池、高频振动筛和高效浓缩机等。其中，深锥浓缩机效率较高，是一般浓缩机的 4 倍以上。为了提高浓缩机的效率，近些年科研人员做了大量工作，也研制开发出许多种高效浓缩机，归纳起来主要有两类：一类是从机械方面加以改进，比如采用中心深层入料，耙架改为连杆式结构，以减少对颗粒沉降的干扰；另一类是改善颗粒在沉降过程中的水力条件，如斜管斜板型高效浓缩机。长治煤气化总公司选煤车间洗煤废水处理工艺中，洗煤废水通过捞坑进入浓缩机后，其溢流固体含量不超过 $10g/L$。

南京煤炭设计研究院孙伟采取两级混凝沉淀的处理工艺处理高浓

度洗煤废水，其中一级采用浓缩机，二级采用新型、高效的翼片（迷宫）斜板沉淀池，处理后各项指标均能达到回用洗煤的标准。

孙冬研究了细粒煤泥的载体沉降，以粒度为 $-0.5mm$ 或 $0.5\sim 1mm$ 的矸石粉为收捕介质，与洗煤废水混合，加入混凝剂和絮凝剂，通过改变颗粒表面性质或桥联作用，使细颗粒黏附于收捕介质上或形成粒度大、质量大的絮团，因而提高了其整体沉降速度，降低了澄清水固体含量。

目前，我国有相当一部分选煤厂在场外设置煤泥沉淀池，特别是一些小型选煤厂采用的更为普遍。煤泥沉淀池有平流式沉淀池，也有斜管斜板沉淀池。南票矿务局水凌矿水采系统使用斜管沉淀池，处理洗煤废水的流量为 $350m^3/h$，使用了 3 个 $29m^2$ 的方形池，表面负荷 $4m^3/(m^2 \cdot h)$，洗煤废水 SS 浓度 $26.67g/L$。洗煤废水在煤泥沉淀池中依靠自然沉降实现泥水分离，一般情况下分离水达不到回用洗煤的标准。

（4）其他沉淀（气浮）方法

结团絮凝工艺是日本一些水处理专家借鉴直接由悬浊液创造颗粒物的技术而提出的一种新的水处理技术。此工艺通过控制 PAC、PAM 投量，水流上升速度，搅拌转速，使洗煤废水中的煤泥颗粒在设备中形成结构紧密的结团絮体，从而达到高效去除悬浮物的目的。

西安建筑科技大学的黄廷林等的实验研究结果表明，当 PAC= $2.6mg/L$，PAM= $1.1mg/L$，上升流速 $v=50cm/min$，转速 $n=38r/min$ 时，处理效果好。北京科技大学彭昌盛等对气浮法和混凝沉淀法处理洗煤废水进行了对比实验研究，研究结果表明，气浮法回收煤泥的效果要明显好于沉淀法，但处理后洗煤废水的浓度略高于混凝沉淀法，出水中悬浮物的一般为 $0.9\sim 1.0g/L$，还达不到排放标准。于尔铁等对鸡西矿务局杏花洗煤厂原有系统进行改造，采用气浮-二次澄清工艺处理洗煤废水，使 SS 降到 $50mg/L$ 以下，取得了可观的经济效益和社会效益。

近些年，国内一些研究人员在电化学处理法、磁处理技术方面也进行了一些实验研究和应用研究。电化学处理法就是利用电化学使带负电荷的煤泥微粒在电场力的作用下向阳极定向移动，在阳极失去电子，消除煤泥颗粒间的电斥力，降低了电势能，从而有利于煤泥絮团的形成，达到使稠密的煤泥水进一步脱水的目的。陈洪砚等对电化学絮凝法处理洗煤废水进行了小型动态实验研究，研究结果表明，电化学絮凝法可以使洗煤废水中难于自然沉淀的微细煤泥颗粒絮凝沉淀，上清液中的 SS 小于 200mg/L，达到回用洗煤的标准。电化学处理法特别适用于粒度小、亲水性强、脱水性能差的黏稠物料，但脱水机本身还存在一些问题，因此，应用不广泛，需要进一步研究和提高。薛玺罡等将磁处理作为洗煤废水浓缩沉淀的预处理工艺，在双鸭山矿务局七星选煤厂的应用结果表明，磁处理大大改善了洗煤废水的凝聚性能，不仅提高了处理效果，而且节省了絮凝剂的用量。赵志强实验研究结果表明，磁处理对煤泥水中离子的水和作用有明显的影响，能使抗磁性离子的水合作用减小，增加了离子的疏水性，同时水对离子的附着力减少。磁处理后煤泥水中的 SS 小于 100mg/L。尹忠彦等通过试验表明，磁处理可降低物料表面电位，改变浆体中的粒度组成，使固体颗粒总的表面积减少，粒径增大，改善物料的过滤性能，提高脱水效率。

平庄矿务局红庙矿用浇灌法配合生物工程处理洗煤废水取得良好的效果。通过利用洗煤废水浇灌土地，不仅改变了当地土地干旱状况，促进了林木生长，而且解决了洗煤废水的处理问题。

（5）煤泥脱水

煤泥脱水是洗煤废水处理的一个重要环节。对于一些易处理的洗煤废水，加药以后直接进行脱水就可以达到处理目的。但大多数洗煤废水是在浓缩沉淀之后，对沉淀的煤泥进行脱水处理。目前国内常用的设备有：板框压滤机、带式压滤机、离心分离机、真空过滤机等。

化学药剂对煤泥脱水效果有较大影响。李满等采用 8 种高分子絮凝剂和 10 种表面活性剂，对细粒煤泥进行真空过滤脱水实验，分析了药剂性质与煤泥过滤成饼时间、滤饼厚度以及滤饼水分之间的关系。研究发现，对于实验所采用的煤样而言，在降低滤饼最终水分方面表面活性剂的作用强于高分子絮凝剂，在提高滤饼初期速度方面，高分子絮凝剂的作用强于表面活性剂。高分子絮凝剂对煤泥滤饼最终水分的影响具有双重作用，一方面可以改善滤饼结构，有利于自由水和大孔隙间水分的脱除；另一方面，也会使细粒煤泥絮团中包含的水分增加。这两方面作用的强弱决定着高分子絮凝剂的助滤脱水效果。夏畅斌等研究了阴离子和阳离子型表面活性剂对细粒煤泥脱水的效果的影响，结果表明，加入阴离子和阳离子型表面活性剂，滤饼水分明显降低，与无表面活性剂相比，阳离子型表面活性剂能够使滤饼水分降低 3%～4%，阴离子型表面活性剂能够使滤饼水分降低 10%。

综上所述可以看出，近些年来，我国洗煤废水的处理与利用问题受到了广泛的重视，洗煤废水闭路循环率在近年有了大幅度的提高，洗煤废水处理技术的研究工作也取得了较好的成绩。但是目前我国每年仍有相当数量的洗煤废水没有实现闭路循环，而在已经实现闭路循环的洗煤废水中也有一部分没有达到回用标准，使选煤设备和洗煤废水处理设备的运行受到影响。由于我国有相当一部分原煤遇水容易泥化，产生的洗煤废水自然沉淀困难，加之我国的选煤设备性能、洗煤废水处理设备的性能还没有达到国外发达国家的水平，因此，我国洗煤废水处理的难度较大。另外，由于混凝剂选择不当或处理工艺及工艺参数不合理，我国现有的洗煤废水处理还存在着处理效果不理想或处理成本太高的问题。

第2章 ‹‹‹

处理洗煤废水常用的混凝剂和絮凝剂

2.1 洗煤废水混凝的理论基础

从高浓度洗煤废水的性质、特点的研究结果来看，高浓度洗煤废水是呈弱碱性的胶体体系，其主要特点是：颗粒表面带有较强的负电荷；悬浮物浓度和 COD 浓度都很高；细小颗粒含量高；颗粒密度小；黏度大；污泥比阻大，过滤性能差。正是这些特点才使得高浓度洗煤废水难于自然沉降。通过分析认为，在上述诸多因素中，导致高浓度洗煤废水难于处理的最根本原因主要有两个方面：高浓度洗煤废水胶体体系中的煤泥颗粒表面带有较强的负电荷，并且主要体现在胶体的 ζ 电位上；小于 0.075mm 的微细颗粒含量过高，沉淀速度小，难于实现泥水分离。

根据已有的研究成果和初步的实验研究结果可以看出，高浓度洗煤废水处理的首要任务是使悬浮物沉降，从而实现泥水分离。处理的目标如下。

① 分离出的上清液满足回用洗煤的要求，实现洗煤废水的闭路循环。具体指标是：SS<100mg/L，COD<100mg/L，pH=6～9。

② 沉降的煤泥过滤性能好，易于脱水，煤泥可以回收利用。具体指标是沉降煤泥的比阻值 $< 0.4 \times 10^{13}$ m/kg，煤泥可以作为燃料利用。

对于呈胶体状态的高浓度洗煤废水来说，要想达到上述目标，就要想办法使带电的胶体颗粒互相凝聚，并形成粒径较大的颗粒。因此，拟采用混凝沉淀的处理方案。投加混凝剂破坏胶体的稳定性，降低 ζ 电位，减弱胶粒间的静电斥力以及水化膜，促进颗粒凝聚，投加絮凝剂使絮体颗粒变大，强化混凝效果。

2.2　处理洗煤废水常用的混凝剂和絮凝剂

2.2.1　处理洗煤废水常用的混凝剂

研究结果表明，高浓度洗煤废水是一个颗粒表面上带有负电荷的胶体分散体系。而高浓度洗煤废水难于自然沉降的最根本原因就是这一胶体体系中的胶体颗粒表面带有较强的负电荷，并且主要体现在胶体的 ζ 电位上。ζ 电位越高，胶粒间的静电斥力越大，胶体越稳定。另外，胶粒表面的水化膜的存在，也阻止了煤泥颗粒间的相互接触，进而使煤泥颗粒更加稳定。而水化膜与胶体的 ζ 电位有着密切关联，胶粒 ζ 电位降低，水化膜厚度也随之变小。因此，高浓度洗煤废水处理的关键是降低煤泥颗粒表面的 ζ 电位。从理论上讲，带有阳离子的无机盐类混凝剂均可以达到降低胶粒 ζ 电位的作用，可以用于高浓度洗煤废水的处理。但由于洗煤废水的成分一样，无机盐类混凝剂的效果也不尽相同。适于高浓度洗煤废水处理的无机盐类混凝剂主要有以下几种。

（1）硫酸铝

硫酸铝 $[Al_2(SO_4)_3 \cdot K_2SO_4 \cdot 2H_2O]$ 是水处理中常用混凝剂之一。其特点是无毒、价格便宜，使用方便，用它处理后的水不带色，常用于脱除浊度、色度和悬浮物，但絮凝体较轻，适用于水温 20～40℃，pH 值范围为 5.7～7.8。硫酸铝溶液能够电离出带正电荷

Al^{3+}，而洗煤废水是煤泥颗粒表面带负电的胶体体系，因此在处理洗煤废水的过程中，Al^{3+}能够通过压缩双电层和吸附-电中和两种作用促进煤泥颗粒的脱稳，进而实现洗煤废水的泥水分离。硫酸铝与PAM配合使用处理洗煤废水已有成功的案例，但每个矿开采的煤种不同，产生的洗煤废水性质也不同，因此，具体的处理效果还需要通过实验确定。

（2）聚合氯化铝

聚合氯化铝（PAC，即碱式氯化铝）是一种多价电解质，能显著降低水中黏土类杂质（多带负电荷）的胶体电荷。由于相对分子质量大，吸附能力强，具有优良的凝聚能力，形成的絮凝体较大，凝聚沉淀性能优于其他混凝剂。PAC聚合度较高，投加后快速搅拌，可以大大缩短絮凝体形成的时间。PAC受水温影响较小，低水温时凝聚效果也很好。PAC对水的pH值降低较少，适宜的pH值范围为5～9。结晶析出温度在−20℃以下。

（3）三氯化铁

三氯化铁（$FeCl_3 \cdot 6H_2O$）是铁盐混凝剂中最常用的一种。固体三氯化铁是具有金属光泽的褐色结晶体，一般杂质含量少。市售无水三氯化铁产品中$FeCl_3$含量达92％以上，不溶杂质小于4％。液体三氯化铁浓度一般在30％左右，价格较低，使用方便。三氯化铁的混凝机理也与硫酸铝相似，但混凝特性与硫酸铝略有区别。三氯化铁在水中与氢氧化物碱度作用后生成了多种水解产物，进而结合成了$Fe(OH)_3$。这些水解产物带有很多正电荷，所以能中和胶体微粒上的负电荷，并且与带负电荷的颗粒物和$Fe(OH)_3$相结合。由于存在上述过程，所以三氯化铁具有絮凝能力，并使污染颗粒形成矾花。三价铁适用的pH值范围较宽，形成的矾花颗粒的离散性强，比较密实，并且带正电荷多，处理低温或低浊水的效果优于硫酸铝。但三氯化铁腐蚀性较强，且固体产品易吸水潮解，不易保管。

（4）硫酸亚铁

硫酸亚铁（$FeSO_4 \cdot 7H_2O$）固体产品是半透明绿色结晶体，俗称绿矾。硫酸亚铁在水中能离解出带正电荷的 Fe^{2+}，Fe^{2+} 能够通过吸附电中和和压缩双电层使胶体颗粒脱稳。同时，硫酸亚铁在废水混凝过程中，水解产生的一部分 Fe^{2+} 经氧化生成 Fe^{3+}，并生成多核络合离子化合物，进而具有一部分三价铁盐的混凝效果。硫酸亚铁作混凝剂形成的絮凝体较重，形成较快而且稳定，沉淀时间短，能去除臭味和一定色度。适用于碱度高、浊度大的废水。废水中若有硫化物，可生成难溶于水的硫化亚铁，便于去除。硫酸亚铁缺点是腐蚀性比较强，且废水色度高时，色度不易除净。在实际工程中，硫酸亚铁与 PAM 联用处理洗煤废水，能够实现洗煤废水闭路循环。

（5）聚合硫酸铁

聚合硫酸铁（PFS）是一种性能优越的无机高分子混凝剂，形态性状是淡黄色无定型粉状固体，极易溶于水，10%（质量浓度）的水溶液为红棕色透明溶液，具有吸湿性。与硫酸铁相比，PFS 的相对分子质量增大，伸展度增大，触点增多，粒间的吸附作用增大。在溶液中 PFS 提供大量的大分子络合物及疏水性氢氧化物聚合体，具有较好的吸附作用。但 PFS 在溶液中多种核羟基络合物不同于有机高分子絮凝剂，这些高分子物的分子量远小于有机絮凝剂的分子量。PFS 广泛应用于饮用水、工业用水、各种工业废水、城市污水、污泥脱水等的净化处理。在混凝处理洗煤废水过程中，PFS 能够提供多种组分的核羟基络合物，如 $Fe_2(OH)_3^{4+}$、$Fe_3(OH)_4^{5+}$、$Fe_4(OH)_6^{6+}$ 等，这些组分对洗煤废水中的胶体颗粒起多种混凝作用，既有压缩胶粒的双电层、降低 ζ 电位的作用，又有吸附电中和的作用。工程实践已证明聚合硫酸铁对洗煤废水具有较好的处理效果。

（6）聚合氯化铝铁

聚合氯化铝铁（PAFC）是由铝盐和铁盐混凝水解而成一种无机高分子混凝剂，依据协同增效原理，加入铁离子或三氧化铁和其他含铁化合物复合而制得的一种新型高效混凝剂。PAFC 集铝盐和铁盐的优点，对铝离子和铁离子的形态都有明显改善，聚合程度大为提高。

PAFC 取铝混凝剂和铁混凝剂对气浮操作有利之处，改善聚合氯化铝的混凝性能，对高浊度水和低温低浊水的净化处理效果特别明显，可不加碱性助剂或其他助凝剂。PAFC 极易溶于水，可用于生活饮用水、工业用水及工业废水、生活污水处理。PAFC 混凝效果除表现为剩余浊度色度降低外，还有絮体形成块，吸附性能高，泥渣过滤脱水性能好等特点，特别是在处理高浊度水和低温低浊度水时，处理效果比明矾、聚合氯化铝、聚合硫酸铁、三氧化铁效果好。由于 PAFC 含有带有正电荷的铝铁多核络合物，且分子量高，用于洗煤废水处理时，不仅具有压缩双电层、吸附电中和的作用，而且具有吸附架桥和网捕卷扫作用，因此，采用 PAFC 处理洗煤废水能够获得良好的处理效果。

（7）含钙混凝剂

含钙混凝剂在水中能电离出 Ca^{2+}，因而能够压缩双电层，降低煤泥颗粒的 ζ 电位，进而达到混凝的效果。另外，研究与应用结果表明，由于洗煤废水中还有大量的黏土，投加 Ca^{2+} 的混凝效果更优。洗煤废水处理中常用含钙混凝剂有石灰（主要成分 CaO）和氯化钙（$CaCl_2$）。石灰价格低，但产生的泥渣较多。氯化钙处理效果好，产生的泥渣也少，但成本较高。

2.2.2 处理洗煤废水常用的絮凝剂

有机高分子絮凝剂与无机高分子混凝剂相比，具有用量少，絮凝速度快，受共存盐类、pH 值及温度影响小，污泥量少等优点。但普遍存在未聚合单体有毒的问题，而且价格昂贵，这在一定程度上限制了它的应用。目前使用的有机高分子混凝剂主要有合成的与改性的两种。

污水处理中大量使用的有机絮凝剂仍然是人工合成的。人工合成有机高分子混凝剂多为聚丙烯、聚乙烯物质，如聚丙烯酰胺、聚乙烯亚胺等。这些混凝剂都是水溶性的线性高分子物质，每个大分子由许多包含有带电基团的重复单元组成，因而也称为聚电解质。

在洗煤废水处理的过程中，有机高分子絮凝剂是最常用的药剂。

对于处理难度较小的洗煤废水，投加一种有机高分子絮凝剂或者一种无机混凝剂就能获得较理想的处理效果，但对于黏土含量高、处理难度大的高浓度洗煤废水，单独投加一种混凝剂或絮凝剂，效果不理想，达不到处理要求。为了解决这类问题，实际工程中常常是将无机盐类混凝剂和有机高分子絮凝剂配合使用。高浓度洗煤废水处理常用的有机高分子絮凝剂主要是聚丙烯酰胺或其衍生物的高聚物或共聚物。

（1）聚丙烯酰胺

洗煤废水处理常用的絮凝剂是聚丙烯酰胺，它具有凝聚速度快，用量少，絮凝体粒大强韧等优点，常与无机混凝剂联用。与无机混凝剂联用时，利用铁盐、铝盐等无机混凝剂对胶体微粒电荷的中和作用和高分子混凝剂优异的絮凝功能，从而得到满意的处理效果。常用的聚丙烯酰胺有三种类型，即阳离子型、阴离子型和非离子型。

阳离子型聚丙烯酰胺是以丙烯酰胺为主与阳离子单体聚合而成，或将聚丙烯酰胺"阳离子化"。煤粒表面呈负电性，阳离子聚丙烯酰胺用作絮凝剂，分子链既可以在煤粒间架桥，又可以中和煤粒表面的负电荷，减少煤粒之间的排斥作用，有利于聚集与絮凝，从而提高脱水速度和降低精煤产品的水分。

阴离子聚丙烯酰胺可由丙烯酰胺与阴离子单体聚合而成。丙烯酰胺与丙烯酸钠的共聚物是应用最多的阴离子聚合物絮凝剂。丙烯酰胺与丙烯酸钠聚合时交替共聚的倾向较大，易形成理想的交替共聚物，使阴离子单元在分子链上均匀分布。阴离子絮凝剂在煤粒表面为环式或尾式吸附，易于在煤粒间形成桥，对煤粒表面的双电层有压缩作用，且不易受矿浆 pH 值的影响。

非离子型聚丙烯酰胺是丙烯酰胺（AM）的均聚物，由于其有较大范围的电荷密度，因此在给定的矿浆中可以有一种最佳的卷曲构型，使其产生最佳的絮凝效果。

聚丙烯酰胺的类型不同，其作用机理、絮凝效果及适宜的絮凝对象也不同。例如，阳离子聚季铵盐丙烯酰胺接枝共聚物（PQAAM）

是一种阳离子型高分子絮凝剂。PQAAM 在水中以离子存在，它含有季铵离子，对胶体表面负电荷中和能力强。另外，此种絮凝剂分子量大，酰铵基与煤粒表面形成氢键，增加了吸附架桥作用，有利于絮凝沉降。据报道，PQAAM 与 PAM 联用处理庞庄煤泥水，当 PQAAM 与 PAM 联合用量为 6mg/L 时沉降速度为 0.743cm/s，透光率为 87%。

(2) 二甲基二烯丙基氯化铵的均聚物及共聚物

1951 年，Butler 和 Ingley 首先报道了二烯丙基季铵盐用特丁基过氧化氢引发得到的聚合物为水溶性的，而不是像他们预期的那种不溶的交联的树脂（三烯丙基或四烯丙基季铵盐聚合往往形成该类物质）。1955 年，Butler 通过红外光谱和加氢实验，指出二烯丙基胺类聚合物为六元环结构，它们是通过分子内和分子间成环反应，从而增长为一线型环状聚合物。这是关于聚二甲基二烯丙基氯化铵（PDMDAAC）最早的报道。

二甲基二烯丙基氯化铵的均聚物（PDMDAAC）及其与丙烯酰胺的共聚物（PDMDAAC/AM）为白色易吸水粉末，溶于水、甲醇和冰醋酸，不溶于其他溶剂。商品一般为水溶液，呈中性，干燥后略黄。在室温下 PDMDAAC 水溶液在 pH＝0.5～14 范围内稳定，(PDMDAAC/AM) 水溶液在碱性介质中发生部分水解。均聚物和共聚物分子都带正电荷，水溶液和吸湿性固体粉末具有导电性，导电机理为离子迁移导电。有学者在研究生活污泥的脱水时发现，PDMDAAC 不仅可作为絮凝剂，还可作为杀菌剂。日本专利则报道，DMDAAC 与 SO_2 的共聚物可用作除藻剂。Haradassl 等报道，DMDAAC 与 SO_2 共聚物可用于染料的均染、保留和织物处理。PDMDAAC 属阳离子表面活性剂，在日用化工行业应用也较为广泛，尤其是用作洗发香波的添加剂，可使头发柔软、亮泽，而且易于梳理。在该种高分子絮凝剂应用于处理煤泥水方面只有一些理论性研究，未见大规模应用实例的报道。

(3) MN-5 絮凝剂

MN-5 絮凝剂是以多胺类阳离子絮凝剂为主体的复配药剂。MN-

5 药剂不仅凭借其阳离子性中和煤泥表面负电荷，压缩煤泥表面双电层起絮凝作用。同时，多胺大分子链上的亚氨基（—NH—）与煤泥表面发生较强的氢键吸附而起架桥作用。因此，处理洗煤废水具有较好的效果。PN-5 絮凝剂与 PAM 联合使用处理淮北矿务局石台选煤厂和徐州矿务局权台选煤厂的洗煤废水，均获得满意的效果。石台选煤厂浓缩机溢流浓度从 60g/L 降至 0.3g/L，达到了洗水闭路标准。

2.3 混凝剂的选择

无论是从胶粒间静电斥力来看，还是从水化膜的生成来看，ζ 电位的大小都可作为胶体稳定性的量度，ζ 电位越大，则胶体越稳定。因此，混凝剂的选择首先应以其对洗煤废水 ζ 电位的影响程度为依据。其次，由于混凝沉降是一个较复杂过程，影响的因素很多，而且，洗煤废水处理的最终目的就是实现洗煤废水的闭路循环，因此，在选择混凝剂时，不仅要考察 ζ 电位的变化情况，而且还要进行沉降实验，通过实验考察清水分离率和清水水质指标。另外，混凝剂的选择还要结合生产实际，不仅在技术上应该可行，而且在经济上也应该是合理的。

由于高浓度洗煤废水中的煤泥颗粒带有负电荷，因此，选用的混凝剂应带有正电荷。最初选用石灰、氯化钙、硫酸铁、硫酸铝、聚合硫酸铁、聚合氯化铝、钙镁复合药剂（自制）作为混凝剂进行初步实验研究。

石灰溶水后生成 $Ca(OH)_2$，$Ca(OH)_2$ 电离能够产生 Ca^{2+} 或六水络合物 $[Ca^{2+}(H_2O)_6]^{2+}$，这些阳离子能够起到压缩双电层的作用，从理论上讲，用石灰作为高浓度洗煤废水的混凝剂是可行的，同时石灰又比较容易得到，经济上也比较合理。

氯化钙、硫酸铁、硫酸铝溶水后能够产生二价以上的阳离子，而且又都是常用的混凝剂，来源广泛，因此，选用这三种药剂处理高浓度洗煤废水在技术经济上都是合理的。

聚合硫酸铁和聚合氯化铝的混凝作用与硫酸铁、硫酸铝基本相同，但一般情况下效果要好于硫酸铁、硫酸铝。

在实验室用钙盐和镁盐复配的钙镁复合药剂含有 Ca^{2+}、Mg^{2+}，理论上讲其效果应与氯化钙相近，但可以减少水中 Cl^- 含量，进而减轻 Cl^- 的腐蚀作用。

初步的沉降的实验结果表明，石灰、氯化钙能够使高浓度洗煤废水分离出清水，混凝效果较好，可以做进一步的实验研究。硫酸铁、硫酸铝、聚合硫酸铁和聚合氯化铝对高浓度洗煤废水高浓度洗煤废水均有一定的混凝效果，但上清液混浊，相比较而言，聚合硫酸铁和聚合氯化铝的效果要优于硫酸铁和硫酸铝，因此，选聚合硫酸铁和聚合氯化铝做进一步实验。在实验室用钙盐和镁盐复配的钙镁复合药剂的效果与氯化钙的效果类似。最后选用石灰、氯化钙、聚合硫酸铁、聚合氯化铝、钙镁复合药剂作为进一步研究的混凝剂。

2.3.1　不同类型混凝剂对 ζ 电位的影响

根据初步的实验研究结果，选定以下几种混凝剂进行实验。

① 石灰（主要成分 CaO）；

② 氯化钙（$CaCl_2$）；

③ 聚合硫酸铁（PFS）；

④ 聚合氯化铝（PAC）；

⑤ 钙镁复合药剂（自制）。

取 pH＝8.25，SS＝68482mg/L，ζ 电位为－0.62V，电导率 $K＝0.918×10^3 \mu S/cm$ 的水样 50mL 进行电泳实验，混凝剂的浓度均为 2%。实验步骤与实验结果计算按 1.2.3 的要求进行，实验结果如表 2-1 所示。

根据上述数据作出不同混凝剂对洗煤废水 ζ 电位影响的曲线如图 2-1 所示。

从上述的实验结果可以看出，所选的 5 种混凝剂均能降低洗煤废水的 ζ 电位，但对 ζ 电位的影响程度不尽相同，氯化钙对 ζ 电位影响最大，其次是钙镁复合药剂，然后是 PAC 和 PFS，最后是石灰。从

■ 表 2-1　混凝剂加入量对 *K* 及 ζ 的影响

投药量 /(g/L)	石灰		氯化钙		PFS		PAC		钙镁复合药剂	
	$K \times 10^3$ /(μS/cm)	ζ /V	$K \times 10^3$ /(μS/cm)	ζ /V	$K \times 10^3$ /(μS/cm)	ζ /V	$K \times 10^3$ /(μS/cm)	ζ /V	$K \times 10^3$ /(μS/cm)	ζ /V
0	0.918	-0.062	0.918	-0.062	0.918	-0.062	0.918	-0.062	0.918	-0.062
0.12	0.934	-0.059	0.987	-0.053	0.941	-0.056	0.939	-0.057	0.985	-0.055
0.2	0.947	-0.057	1.036	-0.048	1.031	-0.052	1.023	-0.053	1.031	-0.049
0.4	0.976	-0.052	1.141	-0.042	1.067	-0.046	1.058	-0.047	1.138	-0.043
0.6	1.011	-0.048	1.283	-0.037	1.082	-0.041	1.074	-0.042	1.264	-0.038
0.8	1.044	-0.043	1.454	-0.033	1.122	-0.037	1.112	-0.038	1.426	-0.034

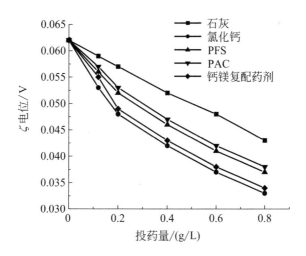

图 2-1　不同混凝剂对 ζ 电位的影响

影响的程度看，并不完全符合阳离子价数越高，ζ 电位降低的就越多的规律。出现这种现象的原因有可能有两个方面：一是投加的混凝剂对双电层的压缩与原水中胶粒结构及组成有关；二是投加的混凝剂产生的有效离子数（起压缩双电层作用的离子）不同，例如石灰的水溶液中存在一些 $Ca(OH)_2$ 不溶物，Ca^{2+} 的含量就会相对少些。

另外，从 ζ 电位变化的速度来看，5 种混凝剂使 ζ 电位降低的速度都比较缓慢，这说明单独使用其中任一种混凝剂，都很难达到预期的目的。

2.3.2 不同类型混凝剂的沉降效果

为了进一步考察上述五种混凝剂的混凝效果，取 pH＝8.25，SS＝68482mg/L 的洗煤废水做混凝沉降实验。每次取洗煤废水 100mL，然后，投加浓度为 2％的混凝剂（石灰悬浊液的浓度取 4％），氯化钙、钙镁复合药剂、PAC 和 PFS 的投药量为 1.0g/L，石灰的投药量为 2.0g/L，以 100r/min 的速度搅拌 60s，然后倒入沉淀柱中沉淀，观察实验现象，记录不同时间的泥面高度。

（1）向洗煤废水中加入石灰悬浊液的沉降实验

洗煤废水中加入石灰悬浊液后泥水分层明显，能够看到泥面在缓缓下降，且上清液浑浊度较低，实验结果见表 2-2。

■ 表 2-2　投加石灰悬浊液的沉降实验

沉降时间/min	0	10	30	50	100	150	200	300	480
絮体高度/mm	105	102	99	96	91	87	84	81	79

从洗煤废水中分离出的清水为 21％，清水中 SS 为 356mg/L，COD 为 224mg/L。

（2）向洗煤废水中加入氯化钙的沉降实验

实验中观察到的现象与投加石灰的实验现象基本相同，沉降实验结果见表 2-3。

■ 表 2-3　投加氯化钙的沉降实验

沉降时间/min	0	10	30	50	100	150	200	300	480
絮体高度/mm	105	100	95	92	86	83	79	76	74

从洗煤废水中分离出的清水为 26％，清水中 SS 为 312mg/L，COD 为 198mg/L。

（3）向洗煤废水中加入钙镁复合药剂的沉降实验

实验中观察到的现象与前两种的实验现象基本相同，沉降实验结果见表 2-4。

■ 表 2-4　投加钙镁复合药剂的沉降实验

沉降时间/min	0	10	30	50	100	150	200	300	480
絮体高度/mm	105	101	96	93	88	85	80	78	76

从洗煤废水中分离出的清水为 24%，清水中 SS 为 320mg/L，COD 为 209mg/L。

（4）向洗煤废水中加入 PFS 的沉降实验

洗煤废水中加入 PFS 后虽然也有分层现象，但泥水分层界面不是很清晰，上清液也很浑浊，几乎不能够分离出浊度低的清水，混凝沉淀效果明显不如前 3 种混凝剂。沉降实验结果见表 2-5。

■ 表 2-5　投加 PFS 的沉降实验

沉降时间/min	0	10	30	50	100	150	200	300	480
絮体高度/mm	105	102	98	95	90	87	84	80	78

从洗煤废水中分离出的清水为 22%，但水比较浑浊。

（5）向洗煤废水中加入 PAC 的沉降实验

实验中观察到现象与投加 PFS 的实验现象基本相同，沉降实验结果见表 2-6。

■ 表 2-6　投加 PAC 的沉降实验

沉降时间/min	0	10	30	50	100	150	200	300	480
絮体高度/mm	105	103	99	96	92	88	86	82	80

从洗煤废水中分离出的清水为 20%，但水比较浑浊。

从上述的实验结果和实验中观察到现象可以看出，石灰、氯化钙和钙镁复合药剂 3 种含钙混凝剂对高浓度洗煤废水的混凝沉淀效果较好，不仅泥水分层明显，而且上清液混浊度较低。含钙混凝剂混凝效果好的原因是：Ca^{2+} 压缩双电层，降低煤泥颗粒的 ζ 电位，使煤泥颗粒发生凝聚；Ca^{2+} 能产生六水络合物 $[Ca^{2+}(H_2O)_6]^{2+}$，$[Ca^{2+}(H_2O)_6]^{2+}$

吸附在煤粒表面，吸附结果导致煤泥颗粒表面疏水性增强，混凝效果显著改善。另外，Ca^{2+} 的存在能够使水中某些无机离子和有机杂质生成难溶钙盐而沉降下来。

PFS 和 PAC 对高浓度洗煤废水的混凝沉淀效果不理想，很难分离出浊度低的清水。PFS 和 PAC 对高浓度洗煤废水的混凝沉淀效果不理想的主要原因如下。

① 高浓洗煤废水的 pH 值一般在 8.0～8.5 范围内，在这样的 pH 值范围内，PFS 和 PAC 的水解产物将主要以负离子的形态出现，压缩双电层作用减弱。初步实验中 $Al_2(SO_4)_3$ 和 $FeCl_3$ 基本没有混凝作用也说明了这一点。

② 高浓度洗煤废水中存在类似于 $\{[Al(OH)_3]_m \cdot nAlO_2^-,(n-x)H^+\}^{x-}$ 形式的胶体颗粒，影响 PFS 和 PAC 的混凝作用。

③ 洗煤废水中的黏土颗粒对 Fe^{3+} 和 Al^{3+} 具有强烈的吸附和交换能力，产生颗粒的阳离子取代，从而与铝盐和铁盐产生同离子相斥，不能起到有效的混凝作用。

从上述实验结果可得出如下结论。

① 所选的 5 种混凝剂均能降低洗煤废水的 ζ 电位，但对 ζ 电位的影响程度不尽相同，氯化钙对 ζ 电位影响最大，其次是钙镁复合药剂，然后是 PAC 和 PFS，最后是石灰。从影响的程度看，并不完全符合阳离子价数越高，ζ 电位降低的就越多的规律。

② 从 ζ 电位变化的速度来看，5 种混凝剂使 ζ 电位降低的速度都比较缓慢，这说明单独使用其中任一种混凝剂，都很难达到预期的目的，还应投加絮凝剂强化混凝沉淀效果。

③ 从沉降结果看，石灰、氯化钙和钙镁复合药剂 3 种混凝剂的混凝沉淀效果较好，能够形成絮凝体，但 PAC、PFS 的混凝沉降效果不如前 3 种混凝剂，虽然也能形成絮凝体，但颗粒细小，而且几乎不能够分离出浊度低的清水。

④ 根据上述实验结果及理论分析，并考虑到经济因素，决定选用石灰、氯化钙和钙镁复合药剂作为混凝剂是可行的。

2.4 絮凝剂的选择

实验结果表明，洗煤废水中加入含钙的无机混凝剂后，能够使久置不沉的洗煤废水破坏其胶体状态，发生拥挤沉降，并能在一定时间内分离出清水，但形成的絮体颗粒细小，沉降速度缓慢，反应时间长，很难在实际工程中应用，而且污泥的进一步脱水也将发生困难，应该采取一定的措施来增大颗粒的粒度，从而提高沉降速度，强化混凝沉淀效果。

高分子絮凝剂具有良好的絮体化机能。目前，在水处理领域中使用的高分子絮凝剂品种繁多，除无机和天然高分子絮凝剂外，还有人工合成的高分子有机絮凝剂。高分子絮凝剂之所以能够提高沉降速度，主要是因为高分子絮凝剂可以促使细小的悬浮颗粒互相凝聚，形成粒度较大的絮体，而高分子完成增大粒径作用的主要途径有以下几个方面。

① 吸附架桥。这是增大粒径的最有效途径。主要通过高分子的桥联作用把悬浮粒子联结在一起，从而形成一种任意的松散的多孔性结构的物体——絮体。

② 电荷中和。悬浮粒子在水溶液中一般带有负电，高分子絮凝剂的水溶液也可以带电，这样就可以通过静电引力使粒子凝聚在一起，达到增加粒度的目的。

研究结果表明，当无机混凝剂和高分子有机絮凝剂配合使用时，水处理的效果更佳。在洗煤废水的处理过程中，应用最广泛的高分子絮凝剂是聚丙烯酰胺（PAM）。这是一种合成高分子絮凝剂，具有线性结构，溶于水。PAM 不仅能够使煤泥颗粒发生凝聚，加快沉淀速度，而且可改善沉淀煤泥的脱水性能。关于 PAM 改善污泥脱水性能的机理国外在 20 世纪 90 年代就有较详细的报道。

根据 PAM 在水中的分离情况可分为阳离子型、阴离子型和非离子型。

PAM 具有很强的凝聚作用，主要表现在以下两个方面。

① 由于氢键结合、静电吸引、范德华力、离子交换等作用对胶粒有较强的吸附结合力。

② 高聚合度的线性分子在溶液中保持适当的伸长形状，从而发挥吸附架桥作用，把许多细小颗粒吸附后缠在一起。

2.4.1 不同类型 PAM 的沉降效果

取 pH＝8.25，SS＝68482mg/L 的水样 3 份各 100mL，先向 3 份水样中均投加浓度为 2% 的氯化钙溶液，投药量为 1g/L，以 100r/min 的速度搅拌 60s，然后再分别投加分子量均为 500 万的阴离子型 PAM、阳离子型 PAM 和非离子型 PAM 溶液，投药量为 30mg/L，以 80r/min 的速度搅拌 60s，倒入沉淀柱中沉淀，记录不同时间的泥面高度。实验结果如表 2-7～表 2-9 所示，沉降曲线如图 2-2 所示。

■ 表 2-7　投加氯化钙与非离子型 PAM 的沉降实验

沉降时间/min	0	1	2	3	5	30	60
絮体高度/mm	108	88	71	66	61	58	57

注：沉降 60min 实际清水分离率为 43%，沉速 $v=0.323$mm/s。

■ 表 2-8　投加氯化钙与阳离子型 PAM 的沉降实验

沉降时间/min	0	1	2	3	5	30	60
絮体高度/mm	108	83	67	62	58	55	54

注：沉降 60min 实际清水分离率为 47%，沉速 $v=0.400$mm/s。

■ 表 2-9　投加氯化钙与阴离子型 PAM 的沉降实验

沉降时间/min	0	1	2	3	5	30	60
絮体高度/mm	108	90	74	69	65	61	60

注：沉降 60min 实际清水分离率为 40%，沉速 $v=0.300$mm/s。

根据以上的实验结果可以得出如下结论：采用 PAM 与氯化钙配合处理高浓度洗煤废水，沉淀速度与清水分离率均有一定程度的提高，说明采用 PAM 作为絮凝剂是可行的。当分子量及其他条件相同

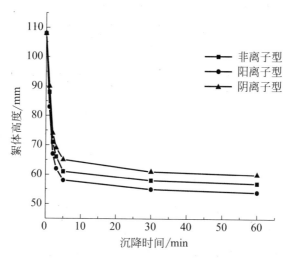

图 2-2 不同类型 PAM 的沉降曲线

时，阳离子型 PAM 的处理效果最好，非离子型 PAM 和阴离子型 PAM 的处理效果相差不大，但非离子型 PAM 略好一些。阳离子型 PAM 的处理效果好的主要原因是高浓度洗煤废水带有负电，投加阳离子型 PAM，不仅具有吸附架桥作用，同时，还有吸附电中和、压缩双电层的作用，因此，阳离子型 PAM 对高浓度洗煤废水的絮凝效果优于其他两种。阴离子型 PAM 适用于中性悬浮颗粒的凝聚，对带有正电荷的悬浮颗粒也能进行中和，但对于带负电荷的胶体仅能起到吸附架桥作用，因此，絮凝效果稍差一些。非离子型 PAM 适用范围较广，煤泥颗粒带有电荷性质对其絮凝效果没有什么影响，因此，对高浓度洗煤废水的絮凝效果介于两者之间。由于阳离子型 PAM 价格较高，因此，本实验选择抚顺化工六厂生产的非离子型 PAM 作为絮凝剂。

2.4.2 PAM 分子量不同对絮凝效果的影响

PAM 的分子量对絮凝效果有很大影响，因此，应通过实验来确定分子量与洗煤废水处理效果的关系。

采用 pH=8.25，SS=68482mg/L 的水样进行实验。取上述水样 3 份各 100mL，先向 3 份水样中均投加浓度为 2% 的氯化钙溶液，投药量为 1g/L，以 100r/min 的速度搅拌 60s，然后再分别投加分子量为 300 万、500 万、1000 万的非离子型 PAM 溶液，投药量为 30mg/L，以 80r/min 的速度搅拌 60s，倒入沉淀柱中沉淀，记录不同时间的泥面高度。实验结果如表 2-10～表 2-12 所示，沉降曲线如图 2-3 所示。

■ **表 2-10　分子量为 300 万的非离子型 PAM 沉降实验**

沉降时间/min	0	1	2	3	5	30	60
絮体高度/mm	108	89	73	68	63	61	59

注：沉降 60min 实际清水分离率为 41%，沉速 $v=0.316$mm/s。

■ **表 2-11　分子量为 500 万的非离子型 PAM 沉降实验**

沉降时间/min	0	1	2	3	5	30	60
絮体高度/mm	108	88	71	66	61	58	57

注：沉降 60min 实际清水分离率为 43%，沉速 $v=0.323$mm/s。

■ **表 2-12　分子量为 1000 万的非离子型 PAM 沉降实验**

沉降时间/min	0	1	2	3	5	30	60
絮体高度/mm	108	85	66	63	58	55	54

注：沉降 60min 实际清水分离率为 46%，沉速 $v=0.375$mm/s。

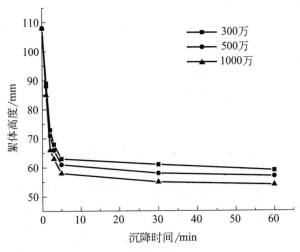

图 2-3　不同分子量非离子型 PAM 的沉降曲线

　　以上的实验结果说明：PAM 的分子量与洗煤废水的混凝处理效果有着一定关系，分子量越大，沉降效果越好，沉降速度也越大。这主要是因为 PAM 的分子量与其分子链的直线长度有关，链长度长，分子量就大，而长度越长，絮凝作用就越好。但 PAM 分子量过大，溶解困难，实际使用不方便，因此，常选用分子量为 500 万的非离子型 PAM 作为絮凝剂。

　　总而言之，PAM 对高浓度洗煤废水的处理有比较好的效果，能够提高沉降速度，形成粒度较大的絮体，综合各方面因素，本研究采用分子量为 500 万的非离子型 PAM 处理高浓度洗煤废水。

第3章 ◀◀◀

石灰与PAM联用处理
高浓度洗煤废水

石灰是灼烧石灰石的产物，其有效成分为 CaO，加水消化后便生成 $Ca(OH)_2$。石灰在污水处理中应用越来越广泛，仅近几年就有几百篇论文在国内外刊物上发表。由此可见，石灰在污水处理方面越来越得到重视。工业石灰的成分分析如表 3-1 所示。

■ 表 3-1　石灰成分分析

主要成分	H_2O	SiO_2	CaO	Al_2O_3	MgO	Fe_2O_3	灼烧减量	酸不溶物
含量/%	19.6	2.47	63.37	0.39	0.39	0.22	6.85	1.57

前面的实验结果表明石灰能降低洗煤废水的 ζ 电位，而且能够使高浓度洗煤废水实现泥水分离，因此，选用石灰作为混凝剂，与 PAM 联用处理高浓度洗煤废水。本章主要对石灰的投加量、PAM 的投加量、石灰与 PAM 的投加顺序以及其他工艺条件进行实验研究。

3.1　投加石灰处理高浓度洗煤废水的效果

3.1.1　石灰投加量对处理效果的影响

实验水样取自小青矿，$SS = 68.730g/L$，$COD = 27164mg/L$，

pH＝8.14。

取实验水样 7 份各 100mL，分别加入浓度为 4％的石灰悬浊液，以 100r/min 的速度搅拌 60s，然后倒入沉淀柱中沉淀，记录不同时间的泥面高度，最后测定上清液中的 SS 和 COD 浓度。实验结果如表 3-2 所示，沉降曲线如图 3-1 所示。投药量与清水分离率、SS、COD 的关系如表 3-3 和图 3-2 所示。

■ 表 3-2　石灰投加量对处理效果的影响

0.8g/L		1.6g/L		2.0g/L		2.4g/L		3.2g/L		4.0g/L		4.8g/L	
沉降时间/min	絮体高度/mm	沉降时间/min	絮体高度/mm	沉降时间/min	絮体高度/mm	沉降时间/min	絮体高度/mm	沉降时间/min	絮体高度/mm	沉降时间/min	絮体高度/mm	沉降时间/min	絮体高度/mm
0	102	0	104	0	105	0	106	0	108	0	110	0	112
10	101	10	102	10	102	10	102	10	103	10	105	10	108
30	99	30	99	30	98	30	97	30	97	30	99	30	101
50	97	50	96	50	94	50	93	50	93	50	95	50	97
100	94	100	92	100	90	100	89	100	88	100	91	100	92
150	92	150	89	150	87	150	86	150	84	150	87	150	88
200	90	200	87	200	84	200	83	200	82	200	85	200	86
300	88	300	85	300	82	300	81	300	80	300	81	300	83
480	86	480	83	480	80	480	79	480	78	480	79	480	80

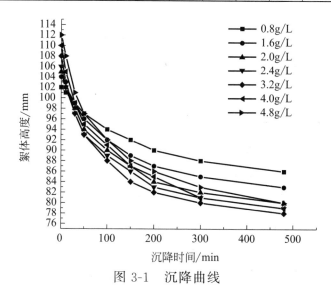

图 3-1　沉降曲线

■ **表 3-3　石灰投加量与各项指标的关系**

投药量/（g/L）	清水分离率/%	SS/（mg/L）	COD/（mg/L）	沉速/（mm/s）
0.8	14	468	307	0.0017
1.6	17	405	247	0.0042
2.0	20	347	218	0.0056
2.4	21	326	208	0.0068
3.2	22	320	204	0.0069
4.0	21	336	219	0.0072
4.8	20	367	228	0.0063

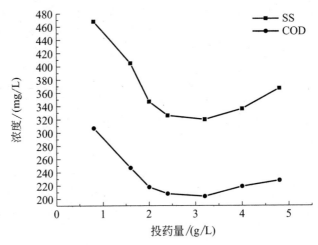

图 3-2　投药量与 SS 和 COD 关系

从实验结果可以得出如下结论。

① 石灰对洗煤废水具有一定的混凝作用，加入石灰以后，洗煤废水的胶体稳定性被破坏，洗煤废水中的悬浮颗粒由原来的静止不沉变成能够沉降，但沉降的速度较慢。絮体在沉降过程中有明显的界面，属于拥挤沉淀。洗煤废水经混凝沉淀后，能够达到泥水分离的目的，但只能回收 22% 的清水，清水分离率较低，且上清液中的 SS 和 COD 也达不到排放和回用洗煤的标准。

② 石灰的投加量对处理效果有一定的影响，当投药量较小时，随着投药量增加，处理效果越来越好，当石灰的投加量达到 3.2g/L

后，处理效果达到较好的水平，当石灰的投加量达到 4.8g/L 时，处理效果有恶化的趋势。这说明石灰的投加量要适当，投加量过小药量不够，处理效果不理想；投加量过大，会使胶体趋于再稳定，同样也影响处理效果。

③ 形成的絮体颗粒较小，沉降速度较慢，含水率高，且过滤性能不好，不利于进一步泥水分离，给后续处理造成困难。因此，应投加絮凝剂强化沉淀效果。

3.1.2　SS 浓度对处理效果的影响

由于洗煤废水的浓度是变化的，因此，有必要研究洗煤废水的浓度对投药量的影响。

取 4 个水样各 100mL，其中 1# 水样 SS＝56382mg/L，COD＝20345mg/L，pH＝8.02；2# 水样 SS＝64972mg/L，COD＝27481mg/L，pH＝8.53；3# 水样 SS＝70450mg/L，COD＝27591mg/L，pH＝8.43；4# 水样 SS＝85666mg/L，COD＝30214mg/L，pH＝8.31。在 4 份水样分别加入浓度为 4% 的石灰悬浊液，投药量为 2.4g/L，以 100r/min 的速度搅拌 60s，然后倒入沉淀柱中沉淀，记录不同时间的泥面高度。实验结果如表 3-4 所示，沉降曲线如图 3-3 所示。SS 浓度与清水分离率的关系如图 3-4 所示。

■ 表 3-4　SS 浓度对处理效果的影响

SS＝ 56382mg/L		SS＝ 64972mg/L		SS＝ 70450mg/L		SS＝ 85666mg/L	
沉降时间 /min	絮体高度 /mm	沉降时间 /min	絮体高度 /mm	沉降时间 /min	絮体高度 /mm	沉降时间 /min	絮体高度 /mm
0	106	0	106	0	106	0	106
10	102	10	102	10	103	10	104
30	97	30	98	30	99	30	99
50	94	50	94	50	94	50	96
100	89	100	89	100	90	100	91
150	84	150	85	150	86	150	88
200	82	200	83	200	84	200	86
300	80	300	81	300	81	300	83
480	78	480	79	480	80	480	81

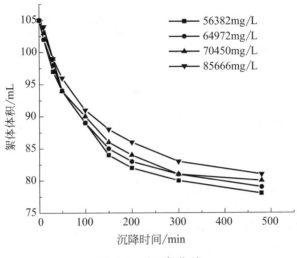

图 3-3　沉降曲线

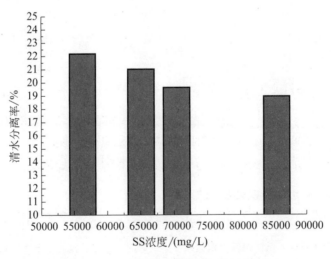

图 3-4　SS 浓度对处理效果的影响

从实验结果可以看出，在石灰投加量为 2.4g/L 的情况下，洗煤废水中的 SS 浓度（在 56382～85666mg/L 范围内）对沉降效果有一定影响，浓度高，清水分离效果稍差一些，但不十分显著。这说明对于 SS 浓度在 56382～85666mg/L 范围内的洗煤废水，石灰的投加量为 2.4g/L 时，或者说当石灰的投加量大于 0.028g/g SS 时，能够满足洗煤废水的处理要求。

3.2 石灰与 PAM 联用处理高浓度洗煤废水的效果

上述的实验结果表明，单独投加石灰溶液处理洗煤废水，能够实现泥水分离，但形成的絮体颗粒较小，沉降速度较慢，上清液中的 SS 和 COD 也达不到排放和回用洗煤的标准。因此，应投加絮凝剂强化沉淀效果。絮凝剂仍采用分子量为 500 万的非离子型 PAM。

3.2.1　PAM 药量与投加顺序对处理效果的影响

（1）PAM 药量对处理效果的影响

取 SS＝68.730g/L，COD＝27164mg/L，pH＝8.14 的水样 4 份各 100mL，先分别加入浓度为 0.1% 的非离子型 PAM 溶液，投药量分别为 10mg/L、20mg/L、30mg/L 和 40mg/L，以 100r/min 的速度搅拌 60s，然后再均加入浓度为 4% 的石灰悬浊液，投药量为 2.4g/L，以 80r/min 的速度搅拌 60s，倒入沉淀柱中沉淀，记录不同时间的泥面高度。实验结果如表 3-5、表 3-6 所示，沉降曲线如图 3-5 所示。

根据实验结果及沉降曲线可得出如下结论。

① 当洗煤废水中石灰的投加量一定时，随 PAM 投加量的不断增加，沉降速度和清水分离率均有一定程度的提高，但当 PAM 投加量达到 30mg/L 后，沉降速度和清水分离率的增长速度减慢。

② 沉降 30min 已基本完成沉降过程，沉降 60min 的实际清水分离率随着 PAM 的变化速率比沉降速度的变化速率小，当 PAM 投加

■ 表 3-5　PAM 投加量对清水分离率和沉速的影响

PAM 投药量/（mg/L）	沉降 60min 实际清水分离率/%	沉速/（mm/s）
10	29	0.067
20	32	0.215
30	35	0.270
40	36	0.308

■ 表 3-6　投加 PAM 的沉降实验

PAM投药量为10mg/L		PAM投药量为20mg/L		PAM投药量为30mg/L		PAM投药量为40mg/L	
沉降时间/min	絮体高度/mm	沉降时间/min	絮体高度/mm	沉降时间/min	絮体高度/mm	沉降时间/min	絮体高度/mm
0	107	0	108	0	109	0	110
1	103	1	95	1	92	1	91
2	99	2	83	2	78	2	77
3	96	3	79	3	74	3	72
5	93	5	74	5	69	5	70
10	86	10	72	10	67	10	67
30	75	30	70	30	66	30	65
60	71	60	68	60	65	60	64

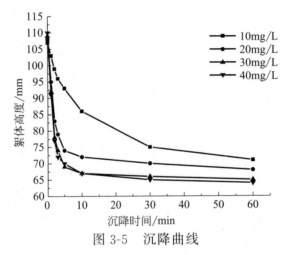

图 3-5　沉降曲线

量从 10mg/L 增加到 40mg/L 时，沉降速度从 0.0467mm/s 提高到 0.253mm/s，平均提高了 442%，而实际清水分离率从 29% 提高到 34%，仅提高了 7%（不投加 PAM 也能分离出 25% 左右的清水）。这说明 PAM 的投加量主要影响沉降速度，对清水分离率影响不十分显著。因此，实际应用中，应从技术和经济两方面考虑，确定一个经济合理的投药量。

（2）投加 PAM 和石灰的顺序研究

取 pH=8.43，SS=70450mg/L，COD=27591mg/L 水样 2 份各 100mL，其中一份水样的加药顺序是先加入浓度为 4% 的石灰悬浊液，投药量为 2.4g/L，以 100r/min 的速度搅拌 60s，然后再分别加入浓度为 0.1％的非离子型 PAM 溶液，投药量为 30mg/L，以 80r/min 的速度搅拌 60s；另一份水样的加药顺序是先加入浓度为 0.1％的非离子型 PAM 溶液，投药量为 30mg/L，以 100r/min 的速度搅拌 60s，然后再分别加入浓度为 4％的石灰悬浊液，投药量为 2.4g/L，以 80r/min 的速度搅拌 60s。实验结果如表 3-7 所示，沉降曲线如图 3-6 所示。

■ 表 3-7　加药顺序对处理效果的影响

先投石灰后投 PAM 的实验					先投 PAM 后投石灰的实验				
沉降时间/min	絮体体积/mL	清水分离率/%	沉速/(mm/s)	SS/(mg/L)	沉降时间/min	絮体体积/mL	清水分离率/%	沉速/(mm/s)	SS/(mg/L)
0	109				0	109			
1	98				1	92			
2	88				2	80			
3	83	29	0.246	92	3	75	35	0.265	76
5	78				5	70			
10	76				10	68			
30	73				30	66			
60	71				60	65			

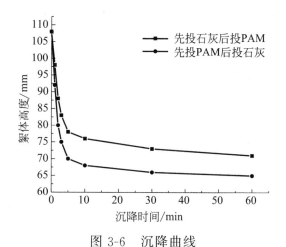

图 3-6　沉降曲线

　　根据实验结果可以看出，加药顺序对处理效果有一定的影响，先投 PAM 后投石灰悬浊液的效果要好于先投石灰悬浊液后投 PAM 的效果，不仅沉速快，而且清水分离率也高。另外，从絮凝体的外观来看，先投 PAM 生成的颗粒粒度大，强度也高，有利于进一步脱水。从出水水质来看，先投 PAM 出水的 SS 稍高一点，但远远低于回用洗煤的标准（300mg/L）。因此，应先投 PAM，后投石灰悬浊液。

关于加药顺序对处理效果影响的原因，分析认为可能主要有以下两个方面。

① 投加石灰后 pH 值的升高对 PAM 的絮凝性能有较大影响。

② pH 值升高，使得由 SiO_2 吸附 SiO_3^{2-} 所形成的胶体粒子和由 $Al(OH)_3$ 吸附 AlO_2^- 所形成的胶体粒子增多，使胶体体系更加稳定。

3.2.2 搅拌时间与搅拌速度对处理效果的影响

高浓度洗煤废水的混凝主要是同向絮凝，搅拌时间与搅拌速度，即搅拌强度对同向絮凝效果有很大的影响。在混凝过程中，混合阶段的搅拌强度一般采用速度梯度 G 作为控制指标，在絮凝阶段，一般采用速度梯度 G 与搅拌时间 T 的乘积，即 GT 作为控制指标。对给水除浊的混凝实验中，在混合阶段，G 一般在 $100\sim1000s^{-1}$ 之内，在絮凝阶段，GT 一般在 $10000\sim100000$ 之内。但污水水质复杂，G 和 GT 变化较大。

确定搅拌时间与搅拌速度时，主要根据初步的摸索实验，同时参考已有研究成果的实验 G 和 GT。G 的计算采用下列公式：

$$G = \sqrt{\frac{W}{\mu V}} \tag{3-1}$$

式中　G——速度梯度，s^{-1}；

　　　W——搅拌功率，W；

　　　μ——水的动力黏度，Pa·s；

　　　V——水样体积，m^3。

搅拌水样所消耗的功率与搅拌桨转速之间的关系参考卡萨特金提出的公式估算：

$$W = 14.35d^{4.38}n^{2.69}\rho^{0.69}\mu^{0.31} \tag{3-2}$$

式中　d——桨板直径，m；

n——转速，r/s；

ρ——水的密度，$1000kg/m^3$。

其他符号意义同式（3-1）。

本项研究混凝实验采用的混凝设备是变速定时搅拌器，搅拌浆尺寸为 11mm×55mm。当转速为 60～150r/min，搅拌时间为 30～120s 时，经计算速度梯度 G 为 102～347s^{-1}，GT 为 3060～18000，基本在常用的经验数值范围内，同时初步的实验结果也表明，所选的搅拌时间和搅拌速度范围是具有一定的代表性的。

（1）搅拌时间对处理效果的影响

取 SS＝68.730g/L，COD＝27164mg/L，pH＝8.14 的水样 4 份各 100mL，先分别加入浓度为 0.1%的非离子型 PAM 溶液，投药量为 30mg/L，以 100r/min 的速度分别搅拌 30s、60s、90s、120s，然后再均加入浓度为 4%的石灰悬浊液，投药量为 2.4g/L，以 80r/min 的速度搅拌 60s，倒入沉淀柱中沉淀，记录不同时间的泥面高度。实验结果如表 3-8 所示。

■ 表 3-8　投加 PAM 后搅拌时间对处理效果的影响

搅拌 30s 的实验结果		搅拌 60s 的实验结果		搅拌 90s 的实验结果		搅拌 120s 的实验结果	
沉降时间 /min	絮体高度 /mm	沉降时间 /min	絮体高度 /mm	沉降时间 /min	絮体高度 /mm	沉降时间 /min	絮体高度 /mm
0	109	0	109	0	109	0	109
1	94	1	93	1	93	1	94
2	80	2	78	2	79	2	80
3	76	3	74	3	75	3	76
5	73	5	69	5	70	5	72
10	70	10	67	10	68	10	69
30	68	30	66	30	67	30	67
60	67	60	65	60	66	60	66

从实验结果可以看出，投加 PAM 后的搅拌时间对处理效果影响不大，搅拌 60s 效果最好。

取 SS＝68.730g/L，COD＝27164mg/L，pH＝8.14 的水样 4 份各 100mL，先分别加入浓度为 0.1%的非离子型 PAM 溶液，投药量

为 $30mg/L$，以 $100r/min$ 的速度 $60s$，然后再均加入浓度为 4% 的石灰悬浊液，投药量为 $2.4g/L$，以 $80r/min$ 的速度分别搅拌 $30s$、$60s$、$90s$、$120s$，倒入沉淀柱中沉淀，记录不同时间的泥面高度。实验结果如表 3-9 所示，沉降曲线如图 3-7 所示。

■ 表 3-9　投加石灰后搅拌时间对处理效果的影响

搅拌 30s 的实验结果		搅拌 60s 的实验结果		搅拌 90s 的实验结果		搅拌 120s 的实验结果	
沉降时间 /min	絮体高度 /mm	沉降时间 /min	絮体高度 /mm	沉降时间 /min	絮体高度 /mm	沉降时间 /min	絮体高度 /mm
0	109	0	109	0	109	0	109
1	100	1	93	1	94	1	99
2	88	2	78	2	82	2	86
3	82	3	74	3	77	3	80
5	77	5	69	5	73	5	75
10	74	10	67	10	71	10	72
30	72	30	66	30	69	30	70
60	71	60	65	60	68	60	69

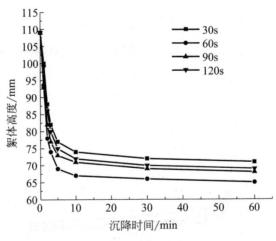

图 3-7　沉降曲线

从实验结果可以看出，投加石灰悬浊液后的搅拌时间对处理效果影响比投加 PAM 后的搅拌时间要显著一些，搅拌时间过短，反应不充分，混凝效果不好，搅拌时间过长，会使已经形成的絮体破坏，进而影响处理效果。搅拌 60s 效果最好。

（2）搅拌速度对处理效果的影响

取 SS＝68.730g/L，COD＝27164mg/L，pH＝8.14 的水样 4 份各 100mL，先分别加入浓度为 0.1% 的非离子型 PAM 溶液，投药量为 30mg/L，分别以 80r/min、100r/min、120r/min、150r/min 的速度搅拌 60s，然后再均加入浓度为 4% 的石灰悬浊液，投药量为 2.4g/L，以 80r/min 的速度搅拌 60s，倒入沉淀柱中沉淀，记录不同时间的泥面高度，实验结果如表 3-10 所示，沉降曲线如图 3-8 所示。

■ 表 3-10　投加 PAM 后搅拌速度对处理效果的影响

80r/min		100 r/min		120 r/min		150 r/min	
沉降时间/min	絮体高度/mm	沉降时间/min	絮体高度/mm	沉降时间/min	絮体高度/mm	沉降时间/min	絮体高度/mm
0	109	0	109	0	109	0	109
1	95	1	93	1	94	1	97
2	81	2	78	2	79	2	83
3	76	3	74	3	75	3	78
5	72	5	69	5	70	5	74
10	69	10	67	10	68	10	71
30	67	30	66	30	67	30	69
60	66	60	65	60	66	60	67

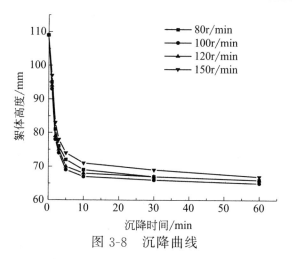

图 3-8　沉降曲线

取 SS＝68.730g/L，COD＝27164mg/L，pH＝8.14 的水样 4 份各 100mL，先分别加入浓度为 0.1% 的非离子型 PAM 溶液，投药量为 30mg/L，以 100r/min 的速度搅拌 60s，然后再均加入浓度为 4%

的石灰悬浊液，投药量为 2.4g/L，并分别以 60r/min、80r/min、100r/min、120r/min 的速度搅拌 60s，倒入沉淀柱中沉淀，记录不同时间的泥面高度，实验结果如表 3-11 所示，沉降曲线如图 3-9 所示。

■ 表 3-11　投加石灰后搅拌速度对处理效果的影响

60r/min		80r/min		100r/min		120r/min	
沉降时间/min	絮体高度/mm	沉降时间/min	絮体高度/mm	沉降时间/min	絮体高度/mm	沉降时间/min	絮体高度/mm
0	109	0	109	0	109	0	109
1	100	1	93	1	94	1	99
2	88	2	78	2	82	2	86
3	82	3	74	3	77	3	80
5	77	5	69	5	73	5	75
10	74	10	67	10	71	10	72
30	72	30	66	30	69	30	70
60	71	60	65	60	68	60	69

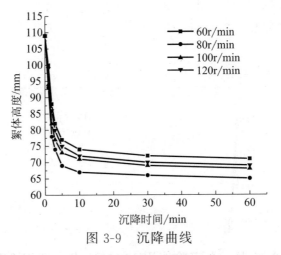

图 3-9　沉降曲线

从实验结果来看，投加 PAM 后的搅拌速度对处理效果的影响较小，而投加石灰后的搅拌速度对处理效果的影响相对要大一些。投加石灰后的搅拌速度过大过小处理效果都不好。搅拌速度过小，混合不充分，不利于絮体的形成；搅拌速度过大，对絮体有破坏作用。实验结果说明，投加 PAM 后的搅拌速度在 100r/min，投加石灰后的搅拌速度在 80r/min 时处理效果较理想。

3.3 正交实验确定最佳条件

3.3.1　正交实验的结果

由于 PAM 的投加量、石灰的投加量以及搅拌时间、搅拌速度等对沉降速度、处理效果等都有一定影响，而且彼此相互关联。所以，通过正交实验考察各因素对处理效果的综合影响，确定最佳组合条件。根据实际情况，做四因素三水平正交实验，4 个因素包括 PAM 的投加量、PAM 投加后的搅拌时间、石灰的投加量和 CaO 投加后的搅拌时间，各因素 3 个水平的选择主要依据前面的单项实验结果，同时考虑经济因素，如 PAM 投药量在单因素实验中，PAM 投药量为 30mg/L 时已取得较好的处理效果，因此，PAM 投药量的 3 个水平取 20mg/L、30mg/L、40mg/L。石灰悬浊液投药量在单因素实验中，投加投药量在 2.0～4.8g/L 范围内均可以取得较好的处理效果，考虑到药剂费的问题，石灰投药量的 3 个水平取为 1.6g/L、2.4g/L、3.2g/L。因素水平见表 3-12。

■ 表 3-12　因素水平

水平	A PAM 投加量/(mg/L)	B 搅拌时间/s	C 石灰投加量/(g/L)	D 搅拌时间/s
1	20	30	1.6	30
2	30	60	2.4	60
3	40	90	3.2	90

根据因素水平表，本实验选用 $L_9(3^4)$ 表，按组合规则设计实验方案。

取 SS=68.730g/L，COD=27164mg/L，pH=8.14 的水样进行实验。实验步骤是每次取水样 100mL，先投加浓度为 0.1% 的 PAM 溶液，以 100r/min 的搅拌速度搅拌一定时间，然后再投加浓度为 4% 的石灰溶液，以 80r/min 的搅拌速度搅拌一定时间，最后将水样倒入沉淀柱中沉淀。实验结果如表 3-13 所示。图 3-10 为极差分析。

■ 表 3-13　正交实验结果

序号	A	B	C	D	沉速/（mm/s）	SS/（mg/L）
1	20	30	1.6	30	0.061	183
2	20	60	2.4	60	0.212	125
3	20	90	3.2	90	0.158	134
4	30	30	2.4	90	0.205	98
5	30	60	3.2	30	0.268	84
6	30	90	1.6	60	0.189	111
7	40	30	3.2	60	0.320	77
8	40	60	1.6	90	0.229	86
9	40	90	2.4	30	0.217	99
K_1	0.144	0.195	0.155	0.182		
K_2	0.231	0.236	0.240	0.240		
K_3	0.255	0.188	0.249	0.197		
R	0.111	0.048	0.094	0.058		
优水平	A_3	B_2	C_3	D_2		
主次因素	A>C>D>B					
最优组合	$A_3B_2C_3D_2$					

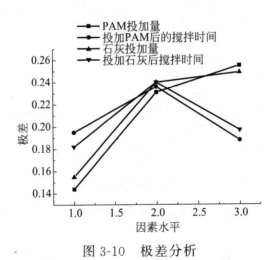

图 3-10　极差分析

根据正交实验的结果及极差分析可得如下结论。

① 石灰与 PAM 联用处理洗煤废水，PAM 的投加量是影响煤泥颗粒沉降速度的最主要影响因素，随 PAM 加入量的增大，沉降速度明显加快；其次是石灰的投加量，PAM 和石灰投加后的搅拌时间对

沉降速度的影响相对较小。

②最佳实验组合条件是 $A_3B_2C_3D_2$，即 PAM 的投药量为 40mg/L，投加 PAM 后搅拌 60s，石灰的投加量为 3.2g/L，搅拌 60s。

3.3.2　最佳条件下的沉降实验

取 SS＝68.730g/L，COD＝27164mg/L，pH＝8.14 的水样，按上述最佳实验组合条件进行实验，即每次取水样 100mL，先投加浓度为 0.1％的 PAM 溶液，投加量为 40mg/L，以 100r/min 的搅拌速度搅拌 60s，然后再投加浓度为 4％的石灰悬浊液，投加量为 3.2g/L，以 80r/min 的搅拌速度搅拌 60s，最后将水样倒入沉淀柱中沉淀，实验结果如表 3-14 所示，沉降曲线如图 3-11 所示。

■ 表 3-14　最佳条件下的沉降实验

沉降时间/min	0	1	2	3	5	10	30	60
絮体高度/mm	112	91	76	73	69	66	64	63

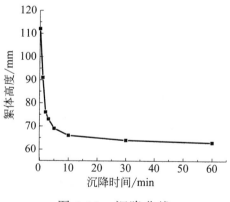

图 3-11　沉降曲线

沉降 30min 已基本完成沉降过程，沉降 60min 实际清水分离率为 37％，沉速 $v = 0.322$mm/s。上清液中 pH＝11.09，SS＝73.5mg/L，COD＝61.8mg/L。除 pH 值外，SS 和 COD 均达到排放标准和回用洗煤的标准。对于 pH 值超标的问题，可以采用废酸进行调节。

3.3.3 最佳条件下的沉降污泥的比阻测定

取 $SS = 68.730g/L$，$COD = 27164mg/L$，$pH = 8.14$ 的水样 500mL，先投加浓度为 0.1% 的 PAM 溶液，投药量为 40mg/L，以 100r/min 的搅拌速度搅拌 60s，然后再投加浓度为 4% 的石灰悬浊液，投药量为 3.2g/L，以 80r/min 的搅拌速度搅拌 60s，静沉 60min，得污泥约 310mL，取其中 200mL 做污泥的比阻测定实验。过滤材料为定性滤纸，过滤面积约为 63.59cm²，真空度为 $3.50 \times 10^4 Pa$。实验按 1.2.5 步骤进行。实验结果见表 3-15。

■ **表 3-15　污泥比阻实验结果**

时间 t/s	30	60	120	180	240	300	360
滤液体积 V/mL	26.8	40.2	56.7	68.9	76.4	83.5	88.8
t/V/（s/mL）	1.12	1.49	2.12	2.61	3.14	3.59	4.05

根据表 3-15 的实验数据做 $V\text{-}t/V$ 曲线如图 3-12 所示。由图 3-12 的 $V\text{-}t/V$ 曲线斜率求得 $b = 0.0411s/cm^6$。

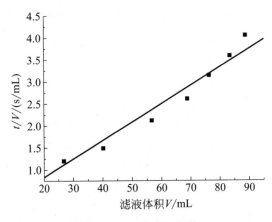

图 3-12　$V\text{-}t/V$ 曲线

抽滤后泥饼重 137.867g，泥饼浓度为 135.696g/L（秒表启动前的滤液体积为 9.6mL）。经计算单位高度的滤液所产生的滤渣重量 $C = 139.271g/L$，取 $C = 0.139g/mL$，污泥比阻计算结果见表 3-16。

■ 表 3-16　污泥比阻计算结果

真空度 /Pa	曲线斜率 b /(s/cm^6)	过滤面积 A /cm^2	滤液动力黏度 / Pa·s	滤渣重量 C / (g/cm^3)	污泥比阻 r / (m/kg)
3.50×10^4	0.0411	63.59	0.001	0.139	0.0877×10^{13}

根据实验结果可以看出，投药以后，洗煤废水的污泥比阻降低到 0.0877×10^{13} m/kg，远小于 0.4×10^{13} m/kg，比原水降低了 30 多倍，说明煤泥的脱水性能得到改善。

从前面的研究结果可以看出以下几点。

① 石灰对洗煤废水具有一定的混凝作用，但沉降速度较慢，清水分离率较低，上清液中的 SS 和 COD 也达不到排放和回用洗煤的标准。

② 石灰与 PAM 联用处理洗煤废水，沉降速度和清水分离率均有一定程度的提高，但 PAM 的投加量主要影响沉降速度，对清水分离率影响不十分显著。加药顺序对处理效果有一定的影响，先投 PAM 后投石灰的效果要好于先投石灰后投 PAM，不仅沉速快，而且清水分离率也高。另外，从絮凝体的外观来看，先投 PAM 生成的颗粒粒度大，强度也高，有利于进一步脱水。从出水水质来看，先投 PAM 出水的 SS 稍高一点，但远远低于回用洗煤的标准（300mg/L）。因此，建议先投 PAM，后投石灰。

③ 影响洗煤废水沉降速度的最主要因素是 PAM 的投加量，即随 PAM 的加入量增大，沉降速度明显加快，其次是石灰的投加量，PAM 和石灰投加后的搅拌时间对沉降速度的影响相对较小。最佳实验条件是 PAM 的投药量为 40mg/L，投加 PAM 后搅拌 60s，石灰的投加量为 3.2g/L，搅拌 60s。在最佳实验条件下，沉降 60min 实际清水分离率为 37%，沉速 $v = 0.322$mm/s。上清液中 pH = 11.09，SS=73.5mg/L，COD=61.8mg/L。除 pH 值外，SS 和 COD 均达到回用洗煤的标准。沉淀煤泥的污泥比阻为 0.0877×10^{13} m/kg，远小于 0.4×10^{13} m/kg，与原洗煤废水相比降低了 30 多倍，满足机械脱水的要求。处理 1 m^3 污水的药剂费为 0.67 元。

3.4 石灰混凝法处理洗煤废水需要注意的几个问题

用石灰-聚丙烯酰胺混凝沉淀法处理洗煤废水具有较好的处理效果，但石灰的投加方式、聚丙烯酰胺的种类以及加药顺序对洗煤废水处理效果均有一定的影响。

3.4.1　石灰的投加方式及浓度对处理效果的影响

（1）干投与湿投的比较

取 SS 为 91.2g/L，pH 值为 8.35 的洗煤废水水样两份各100mL，分别加入 2g 干粉石灰和浓度为 10％的石灰溶液 20mL，以100r/min 的速度搅拌 3min，然后静沉 150min，试验结果见表 3-17。

■ 表 3-17　干投与湿投的比较

投加方式	絮体体积/mL	实际清水分离率/%	沉速/(mm/s)
干投	70	30	0.016
湿投	72	28	0.046

从试验结果可以看出，湿投的沉速明显提高，加药后混合液的清水分离率也比干投时高，但若扣除配药加入的水量，实际从洗煤废水中分离出的清水量并不比干投时多，而且还要略少一些，不过差别不大。因此，从清水分离率来看，湿投与干投无多大差别，但湿投时沉淀速度明显提高，从而使洗煤废水的沉淀时间缩短，减少沉淀池的容积。另外，湿投时还能够节省 30％～40％的投药量，因此，宜采用湿投。

（2）湿投时石灰溶液的浓度对处理效果的影响

取上述相同水样 3 份各 100mL，分别投加 5％、10％、20％的石灰乳浊液各 40mL、20mL、10mL，试验方法及条件同前。试验结果见表 3-18。

■ 表 3-18　石灰溶液的浓度对处理效果的影响

投药量	絮体体积/mL	清水分离率/%	实际清水分离率/%	沉速/(mm/s)
40mL × 5%	74	47	26	0.054
20mL × 10%	72	40	28	0.046
10mL × 20%	71	35.5	29	0.039

由上述试验结果可得如下结论。

① 湿投时，石灰溶液的浓度对处理效果有影响。当石灰投加量一定时，浓度越低，沉速越快，混合液的清水分离率越高，但从洗煤废水中实际分离出的清水量却随着石灰溶液浓度的降低而略有减少。

② 沉速随石灰溶液浓度的降低而提高，主要是因为石灰溶液浓度的降低，导致了加药后混合液体积的增加，从而使混合液中 SS 浓度降低，同时对煤泥起到了水力淘洗的作用，使黏度下降，因此，沉速有所提高。

③ 从沉速和实际清水分离率及其他方面来看，实际应用浓度要适当，浓度过高，沉降速度小，药的利用率低；浓度过低，实际分离出的清水量减少，而且溶药外加的清水量增多，使得后续构筑物水力负荷增加，电耗量增加，最终导致设备投资和运转费用增加。

3.4.2　各种类型聚丙烯酰胺对处理效果的影响

（1）不同类型聚丙烯酰胺的沉降试验

由于煤泥颗粒带有负电荷，因此，从理论上讲阳离子型聚丙烯酰胺不适用，而阳离子型和非离子型聚丙烯酰胺都适用。下面的试验结果也证实了这一点。

取上述相同水样两份各 100mL，然后向其中一份水样中投加浓度为 0.1%、分子量为 500 万的非离子型聚丙烯胶 3mL，搅拌 1min，再投加 10% 的石灰溶液 20mL，搅拌 3min，静沉 30min，观察记录不同时刻的絮体体积。另一份水样中加入分子量为 510 万的阳离子型聚丙烯酰胺，其他条件同前。试验结果见表 3-19。

■ 表 3-19　不同类型聚丙烯酰胺的沉降试验

沉降时间 /min	絮体体积/mL		实际清水分离率/%		沉速/（mm/s）	
	阳离子型	非离子型	阳离子型	非离子型	阳离子型	非离子型
0	123	123	39	35	0.53	0.42
1.5	75	82				
2.5	65	75				
5	63	70				
30	61	65				

试验结果说明，当分子量相差不大，投药量相同时，阳离子型聚丙烯酰胺的处理效子型聚丙烯酰胺的处理效果好。其原因是煤泥颗粒带有负电荷，而阳离子型聚丙烯酰胺物带有正电荷，正电荷中和，有利于颗粒阳离子型聚丙烯酰胺价格较高，因此，可以采用非离子型的聚丙烯酰胺。

（2）聚丙烯酰胺的分子量对处理效果的影响

取上述相同水样 3 份各 100mL，然后投加分子量为 300 万、400万、500 万，浓度均为 0.1% 的非离子型聚丙烯酰胺溶液 3mL，搅拌1min，再投加 10% 的石灰溶液 20mL，搅拌 3min，静沉 30min，试验结果见表 3-20。

■ 表 3-20　不同分子量聚丙烯酰胺的沉降试验

沉降时间 /min	絮体体积/mL			实际清水分离率/%			沉速/(mm/s)		
	分子量 100 万	分子量 300 万	分子量 500 万	分子量 100 万	分子量 300 万	分子量 500 万	分子量 100 万	分子量 300 万	分子量 500 万
0	123	123	123	32	33	35	0.32	038	0.42
1.5	88	85	82						
2.5	81	79	75						
5	76	74	70						
30	68	70	65						

上述试验结果说明，聚丙烯酰胺的分子量与水处理效果有一定关系，分子量越大，沉速越快，清水分离率也越大。这主要是因为聚丙烯酰胺的分子量与其分子链的直线长度有关，分子量越大，链就越长，链越长，絮凝效果就越好。

3.4.3　加药顺序对处理效果的影响

取 pH 值为 8.51、SS 为 80.7g/L 的洗煤废水两份各 100mL，其中一份水样的加药顺序是先投非离子型聚丙烯酰胺溶液，后投石灰溶液。另一份水样的加药顺序是先投石灰溶液，后投聚丙烯酰胺，其他条件同前。试验结果见表 3-21。

■ 表 3-21　不同加药顺序的沉降试验

沉降时间/min	絮体体积/mL		实际清水分离率/%		沉速/(mm/s)		上清液中的 SS/(mg/mL)	
	先投石灰	后投石灰	先投石灰	后投石灰	先投石灰	后投石灰	先投石灰	后投石灰
0	123	123	44	19	0.33	018	189	98
1.5	97	109						
2.5	76	95						
5	71	90						
30	67	82						

根据试验结果可以看出，先投聚丙烯酰胺后投石灰效果好，不仅沉速快，而且清水分离率也高。另外，从絮凝体的外观来看，先投聚丙烯酰胺生成的颗粒粒度大，强度也高，有利于进一步脱水。从出水水质来看，先投聚丙烯酰胺出水的 SS 稍高一点，但远远低于排放标准（300mg/mL）。因此，应先投聚丙烯酰胺，后投石灰。关于加药顺序对处理效果影响的原因，目前还不十分清楚。通过分析，认为主要有以下几个方面。

① 加药后 pH 值的变化对聚丙烯酰胺的絮凝性能有较大影响。一般来说，聚丙烯酰胺在 pH 值很宽的范围内效能都很高，但随着 pH 值的变化，聚丙烯酰胺的作用也发生很大变化。据文献报道，当

pH 值在 4.0～6.5 范围内，投加聚丙烯酰胺后，煤泥的沉降速度最大，超过这个范围，特别是在碱性较强的介质中，煤泥在聚丙烯酰胺作用下的沉降速度急剧下降。而采用先投石灰，后投聚丙烯酰胺这种加药顺序处理洗煤废水时，当石灰加入后，洗煤废水的 pH 值由 8 左右上升到 12 以上，在这种条件下再投聚丙烯酰胺，显然絮凝效果不好。如果先投聚丙烯酰胺，由于洗煤废水的 pH 值未发生变化，所以聚丙烯酰胺的效能得到了充分的发挥，这时再投石灰对聚丙烯酰胺的影响就小了。另外，还用 $CaCl_2$ 代替石灰做了对比试验，结果发现，无论是先投 $CaCl_2$ 还是先投聚丙烯酰胺，洗煤废水的 pH 值基本维持在 8 左右（原水 pH 值），沉速等指标也没有大的变化，这也充分说明这一点。

② 从干煤泥的矿物组成来看，SiO_2 和 Al_2O_3 的含量分别为 42％和 17％，而正是由于这两种物质含量较高，才导致煤泥颗粒带负电而使洗煤废水呈稳定的胶体体系。对于 SiO_2 来讲，当 pH 值增大时，由 H_2SiO_3 离解出的 SiO_3^{2-} 增多，从而使得由 SiO_2 吸附 SiO_3^{2-} 所形成的胶体粒子增多。对于 Al_2O_3，当 pH 值增大时，由 $Al(OH)_3$ 离解出的 AlO_2^{-} 增多，同样也会导致由 $Al(OH)_3$ 吸附 AlO_2^{-} 所形成的胶体粒子增多。如果后投石灰，就可避免上述现象出现，从而减轻聚丙烯酰胺的负荷。

③ 由于石灰中含有一定量的 $CaCO_3$、MgO、黏土等杂质，所以，当先投石灰时，这些物质就占据了聚丙烯酰胺的一些空位，同时排斥了其他悬浮粒子与聚丙烯酰胺的结合。如果后投石灰，这些物质反而会吸附其他一些细小颗粒而起补充作用。

第4章 ◀◀◀

电石渣与PAM联用处理高浓度洗煤废水

  电石渣是在电石发生乙炔气过程中排放的一种废渣，呈粉末状，其主要化学成分为 $Ca(OH)_2$，而石灰（CaO）悬浊液的主要成分也是为 $Ca(OH)_2$。因此，从理论上讲是可以替代石灰。另外，用电石渣替代石灰，不仅能够降低处理成本，而且电石渣本身就是煤矿的一种工业固体废物，用其处理洗煤废水，环境效益和经济效益将更为显著。据有关资料报道，全国电石渣年排放量近 $200 \times 10^4 t$，加上多年堆放积累，目前，我国未处理的电石渣堆放量达 $700 \times 10^4 t$。现在我国约有 90% 的电石渣未能得到处理，严重地影响着电石工业的发展和效益。而且对环境也有不同程度的影响。因此，在洗煤废水处理过程中，采用电石渣做混凝剂，不仅使洗煤废水得到治理，而且还解决了电石渣的堆放问题，同时也符合以废治废的原则。由于电石渣悬浊液与石灰悬浊液的性质相似，因此，电石渣与 PAM 联用处理洗煤废水也能够取得较好的处理效果。

4.1 投加电石渣处理高浓度洗煤废水的效果

4.1.1 投药量对处理效果的影响

  采用 $pH=8.23$，$SS=70.400g/L$，$COD=28164mg/L$ 的水样进

行实验。加药顺序的实验结果表明，电石渣和 PAM 的投加顺序也是先投加 PAM 的效果好，因此，下面的实验均采用先投 PAM 后投电石渣的顺序。

（1）电石渣投加量对处理效果的影响

取实验水样 3 份各 100mL，分别定为 1#、2# 和 3# 水样。首先在 3 份水样中均加入浓度为 0.1% 的 PAM 溶液，投药量为 30mg/L，以 100r/min 的搅拌速度搅拌 60s，然后向 1#、2# 和 3# 水样中依次加入浓度为 4% 的电石渣悬浊液，投药量分别为 2.4g/L、3.2g/L、4.0g/L，以 80r/min 的搅拌速度搅拌 60s。最后将水样倒入沉淀柱中沉淀，实验结果如表 4-1 所示，沉降曲线如图 4-1 所示。

■ 表 4-1　电石渣用量的影响

电石渣用量为 2.4g/L				电石渣用量为 3.2 g/L				电石渣用量为 4.0 g/L			
沉降时间/min	絮体高度/mm	清水分离率/%	沉速/(mm/s)	沉降时间/min	絮体高度/mm	清水分离率/%	沉速/(mm/s)	沉降时间/min	絮体高度/mm	清水分离率/%	沉速/(mm/s)
0	109			0	111			0	113		
1	95			1	93			1	92		
2	84			2	80			2	80		
3	80	30	0.212	3	75	35	0.281	3	74	36	0.311
5	76			5	71			5	70		
10	73			10	69			10	67		
30	70			30	65			30	64		

根据实验结果及沉降曲线可得如下结论。

① 对于实验水样，当 PAM 的投加量为 30mg/L，电石渣的投加量为 2.4 g/L 时，煤泥的沉降速度已达到 0.2mm/s 以上，随着电石渣投加量的增加，沉降速度增加，但沉降速度的增加的幅度不是很大，且沉降速度的增长速率越来越小。所以，当电石渣投加量增加到一定程度后，会导致速度不再增加，甚至使处理效果恶化。

② 从清水分离率来看，随着电石渣的投加量的增加，清水分离率提高，但电石渣的投加量从 3.2g/L 增加到 4.0g/L 时，清水分离

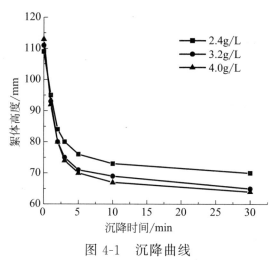

图 4-1　沉降曲线

率仅提高 1%，这说明电石渣投加量对提高清水分离率是有限度的。所以，电石渣投加量要适当，不宜过大，也不宜过小。

（2）PAM 投加量对处理效果的影响

取实验水样 3 份各 100mL，分别定为 1#、2# 和 3# 水样。首先在 3 份水样中依次加入浓度为 0.1% 的 PAM 溶液，投药量分别为 20mg/L、30mg/L、40mg/L，以 100r/min 的搅拌速度搅拌 60s，然后向 1#、2# 和 3# 水样中均加入浓度为 4% 的电石渣悬浊液，投药量为 3.2g/L，以 80r/min 的搅拌速度搅拌 60s。最后将水样倒入中沉淀，实验结果如表 4-2 所示，沉降曲线如图 4-2 所示。

■ 表 4-2　PAM 用量的影响

PAM 投加量为 20mg/L				PAM 投加量为 30mg/L				PAM 投加量为 40mg/L			
沉降时间/min	絮体高度/mm	清水分离率/%	沉速/(mm/s)	沉降时间/min	絮体高度/mm	清水分离率/%	沉速/(mm/s)	沉降时间/min	絮体高度/mm	清水分离率/%	沉速/(mm/s)
0	110			0	111			0	112		
1	96			1	93			1	92		
2	85			2	82			2	78		
3	80	31	0.219	3	76	35	0.283	3	72	36	0.321
5	76			5	72			5	69		
10	72			10	69			10	67		
30	69			30	65			30	64		

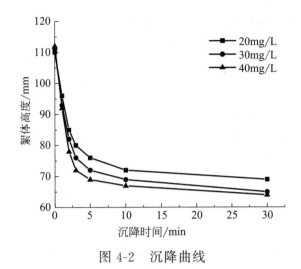

图 4-2　沉降曲线

根据实验结果及沉降曲线可得如下结论。

① PAM 的投加量对煤泥的沉降速度有较大影响，当洗煤废水中电石渣的投加量一定时，随着 PAM 投加量的不断增加，沉降速度不断提高，但沉降速度的增长速度减缓。对于实验水样，当电石渣的投加量为 3.2g/L，PAM 的投加量为 30mg/L 时，沉淀速度已达到 0.28mm/s。

② PAM 的投加量对清水分离率影响不是十分显著，PAM 投加量从 20mg/L 增加到 30mg/L 时，清水分离率提高 4%，而当 PAM 投加量从 30mg/L 增加到 40mg/L 时，清水分离率仅提高 1%，基本没有什么变化。这说明 PAM 的投加使颗粒互相黏结，小颗粒变成大颗粒，从而使沉速加快，但对沉降的效果影响不大。

4.1.2　搅拌时间与搅拌速度对处理效果的影响

（1）搅拌时间对处理效果的影响

取 pH＝8.23，SS＝70.400g/L，COD＝28164mg/L 的水样 4 份各 100mL，先分别加入浓度为 0.1% 的非离子型 PAM 溶液，投药量为 30mg/L，以 100r/min 的速度分别搅拌 30s、60s、90s、120s，然后均加入浓度为 4% 的电石渣悬浊液，投药量为 3.2g/L，以 80r/min 的速度搅拌 60s，倒入沉淀柱中沉淀，记录不同时间的泥面高度。实验结果如表 4-3 所示。

■ 表 4-3　投加 PAM 后搅拌时间对处理效果的影响

搅拌 30s		搅拌 60s		搅拌 90s		搅拌 120s	
沉降时间/min	絮体高度/mm	沉降时间/min	絮体高度/mm	沉降时间/min	絮体高度/mm	沉降时间/min	絮体高度/mm
0	111	0	111	0	111	0	111
1	97	1	96	1	96	1	98
2	84	2	81	2	82	2	84
3	80	3	76	3	77	3	79
5	77	5	71	5	71	5	74
10	74	10	68	10	68	10	71
30	72	30	67	30	67	30	69
60	70	60	66	60	66	60	67

从实验结果可以看出，投加 PAM 后的搅拌时间对处理效果影响不大，其中搅拌 60s 和 90s 效果相对要好一些，这与投加石灰悬浊液的实验结果基本一致。因此，投加 PAM 后的搅拌时间取 60s。

取 pH＝8.23，SS＝70.400g/L，COD＝28164mg/L 的水样 4 份各 100mL，先分别加入浓度为 0.1% 的非离子型 PAM 溶液，投药量为 30mg/L，以 100r/min 的速度搅拌 60s，然后再均加入浓度为 4% 的电石渣悬浊液，投药量为 3.2g/L，以 80r/min 的速度分别搅拌 30s、60s、90s、120s，倒入沉淀柱中沉淀，记录不同时间的泥面高度。实验结果如表 4-4 所示，沉降曲线如图 4-3 所示。

■ 表 4-4　投加电石渣后搅拌时间对处理效果的影响

搅拌 30s		搅拌 60s		搅拌 90s		搅拌 120s	
沉降时间/min	絮体高度/mm	沉降时间/min	絮体高度/mm	沉降时间/min	絮体高度/mL	沉降时间/min	絮体高度/mm
0	111	0	111	0	111	0	111
1	102	1	97	1	98	1	101
2	90	2	84	2	85	2	89
3	85	3	78	3	79	3	84
5	80	5	73	5	74	5	78
10	77	10	70	10	72	10	75
30	75	30	68	30	70	30	73
60	74	60	67	60	69	60	72

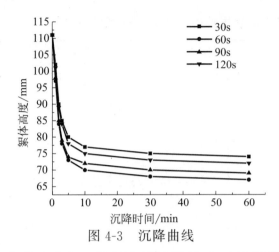

图 4-3　沉降曲线

从实验结果可以看出，投加电石渣悬浊液后的搅拌时间对处理效果影响比投加 PAM 后的搅拌时间要显著一些，搅拌时间小于 30s，反应不充分，混凝效果不好，搅拌时间大于 120s，会使已经形成的絮体破坏，进而影响处理效果。实验结果表明，搅拌 60～90s 效果最好。

（2）搅拌速度对处理效果的影响

取 pH＝8.23，SS＝70.400g/L，COD＝28164mg/L 的水样 4 份各 100mL，先分别加入浓度为 0.1% 的非离子型 PAM 溶液，投药量为 30mg/L，分别以 80r/min、100r/min、120r/min、150r/min 的速度搅拌 60s，然后再均加入浓度为 4% 的电石渣悬浊液，投药量为 3.2g/L，以 80r/min 的速度搅拌 60s，倒入沉淀柱中沉淀，记录不同时间的泥面高度，实验结果如表 4-5 所示，沉降曲线如图 4-4 所示。

■ 表 4-5　投加 PAM 后搅拌速度对处理效果的影响

80r/min		100r/min		120r/min		150r/min	
沉降时间 /min	絮体高度 /mm	沉降时间 /min	絮体高度 /mm	沉降时间 /min	絮体高度 /mm	沉降时间 /min	絮体高度 /mm
0	111	0	111	0	111	0	111
1	97	1	94	1	96	1	99
2	83	2	80	2	81	2	84
3	77	3	75	3	77	3	79
5	73	5	71	5	71	5	75
10	70	10	68	10	68	10	73
30	68	30	67	30	67	30	70
60	67	60	66	60	66	60	69

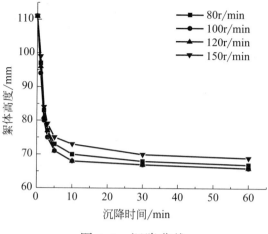

图 4-4　沉降曲线

取 pH＝8.23，SS＝70.400g/L，COD＝28164mg/L 的水样 4 份各 100mL，先分别加入浓度为 0.1％的非离子型 PAM 溶液，投药量为 30mg/L，以 100r/min 的速度搅拌 60s，然后再均加入浓度为 4％的电石渣悬浊液，投药量为 30mg/L，并分别以 60r/min、80r/min、100r/min、120r/min 的速度搅拌 60s，倒入沉淀柱中沉淀，记录不同时间的泥面高度，实验结果如表 4-6 所示，沉降曲线如图 4-5 所示。

■ 表 4-6　投加电石渣后搅拌速度对处理效果的影响

60r/min		80r/min		100r/min		120r/min	
沉降时间 /min	絮体高度 /mm	沉降时间 /min	絮体高度 /mm	沉降时间 /min	絮体高度 /mm	沉降时间 /min	絮体高度 /mm
0	111	0	111	0	111	0	111
1	101	1	95	1	96	1	101
2	89	2	79	2	83	2	88
3	84	3	76	3	77	3	82
5	79	5	70	5	72	5	77
10	75	10	68	10	70	10	73
30	73	30	66	30	68	30	71
60	72	60	65	60	67	60	70

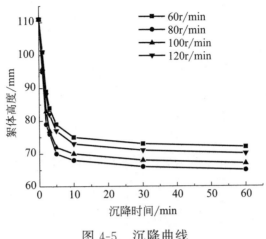

图 4-5　沉降曲线

从实验结果来看，投加 PAM 后的搅拌速度对处理效果的影响较小，而投加电石渣后的搅拌速度对处理效果的影响相对要大一些。投加电石渣后的搅拌速度过大过小处理效果都不好。搅拌速度过小，混合不充分，不利于絮体的形成；搅拌速度过大，对絮体有破坏作用。实验结果说明，投加 PAM 后的搅拌速度在 100r/min 时，投加电石渣后的搅拌速度在 80r/min 时处理效果较理想。

4.2 正交实验确定最佳条件

4.2.1 正交实验结果

由于 PAM 的投加量、电石渣的投加量以及搅拌时间对沉降速度、处理效果都有一定影响，所以，做四因素三水平正交实验确定最佳组合条件。因素水平见表 4-7。PAM 投加量、电石渣投加量两个因素水平的选择主要以单项实验结果为依据，同时又考虑处理成本。单因素实验结果表明，PAM 投加量为 30mg/L 就能获得较好的处理效果，因此，PAM 投药量的 3 个水平取 20mg/L、30mg/L、40mg/L；电石渣投药量的 3 个水平取 2.4g/L、3.2g/L、4.0g/L。

■ 表 4-7 因素水平

水平	A PAM 投加量/(mg/L)	B 搅拌时间/s	C 电石渣投加量/(g/L)	D 搅拌时间/s
1	20	30	2.4	30
2	30	60	3.2	60
3	40	90	4.0	90

根据因素水平，本实验选用 $L_9(3^4)$ 表，按组合规则设计实验方案。

取 SS=70.400g/L，COD=28164mg/L，pH=8.23 的水样进行实验。实验步骤是每次取水样 100mL，先投加浓度为 0.1% 的 PAM 溶液，以 100r/min 的搅拌速度搅拌一定时间，然后再投加浓度为 4% 的电石渣悬浊液，以 80r/min 的搅拌速度搅拌一定时间，最后将水样倒入沉淀柱中沉淀。正交实验结果如表 4-8 所示。图 4-6 为极差分析。

■ 表 4-8 正交实验结果

序号	A	B	C	D	沉速/(mm/s)	SS/(mg/L)
1	2.0	30	6	30	0.073	197
2	2.0	60	8	60	0.198	119
3	2.0	90	10	90	0.167	125
4	3.0	30	8	90	0.229	97
5	3.0	60	10	30	0.245	76
6	3.0	90	6	60	0.180	131
7	4.0	30	10	60	0.304	68
8	4.0	60	6	90	0.215	81
9	4.0	90	8	30	0.237	76
K_1	0.146	0.202	0.156	0.185		
K_2	0.218	0.219	0.221	0.227		
K_3	0.252	0.195	0.239	0.203		
R	0.106	0.024	0.083	0.042		
优水平	A_3	B_2	C_3	D_2		
主次因素	A>C>D>B					
最优组合	$A_3B_2C_3D_2$					

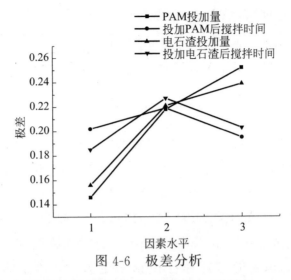

图 4-6　极差分析

根据正交实验的结果及极差分析可得如下结论。

① 最佳实验组合条件是 $A_3B_2C_3D_2$，即 PAM 的投药量为 40mg/L，投加 PAM 后搅拌 60s，电石渣的投加量为 4.0g/L，搅拌 60s。

② 影响洗煤废水沉降速度的主要因素是 PAM 的投加量，即随 PAM 的加入量增大，沉降速度明显加快；其次是电石渣的投加量，其余两个因素影响相对较小。

③ PAM 的投加量对沉降速度影响很大，当 PAM 投加量达到 30mg/L 时，沉速平均值已达到 0.21mm/s 以上，但 PAM 投加量超过 30mg/L 后，沉速增长的速率减缓。因此，实际应用当中可适当减少 PAM 投药量，不一定采用最佳投药量，只要有相当的沉速，并能生成过滤性能较好的絮体即可，这样可以降低药剂费。

4.2.2　最佳条件下的沉降实验

取 SS＝76.400g/L，COD＝28164mg/L，pH＝8.23 的水样，按上述最佳实验组合条件进行实验，即每次取水样 100mL，先投加浓度为 0.1% 的 PAM 溶液，投药量为 40mg/L，以 100r/min 的搅拌速度搅拌 60s，然后再投加浓度为 4% 的电石渣悬浊液，投药量为 4.0 g/L，以 80r/min 的搅拌速度搅拌 60s，最后将水样倒入沉淀柱中沉淀，实验结果如表 4-9 所示，沉降曲线如图 4-7 所示。

■ 表 4-9　最佳条件下的沉降实验

沉降时间/min	0	1	2	3	5	10	30	60
絮体高度/mm	114	92	76	71	68	65	64	63

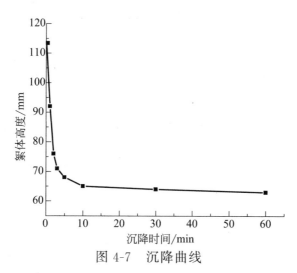

图 4-7　沉降曲线

沉降 30min 已基本完成沉降过程，沉降 60min 实际清水分离率为 37%，沉速 $v = 0.334$mm/s。上清液中 pH = 11.14，SS = 68.7mg/L，COD=63.8mg/L。除 pH 值外，SS 和 COD 均达到排放标准和回用洗煤的标准。对于 pH 值超标的问题，可以采用废酸进行调节。

4.2.3　最佳条件下的沉降污泥的比阻测定

取 SS = 76.400g/L，COD = 28164mg/L，pH = 8.23 的水样 500mL，先投加浓度为 0.1% 的 PAM 溶液，投药量为 40mg/L，以 100r/min 的搅拌速度搅拌 60s，然后再投加浓度为 4% 的电石渣悬浊液，投药量为 4.0g/L，以 80r/min 的搅拌速度搅拌 60s，静沉 60min，得污泥 310mL，取其中 200mL 做污泥的比阻测定实验。过滤材料为定性滤纸，过滤面积约为 63.59cm^2，真空度为 $3.50×10^4$Pa。实验按 1.2.5 步骤进行。实验结果见表 4-10。

根据表 4-10 的实验数据做 V-t/V 曲线如图 4-8 所示。由图 4-8 的 V-t/V 曲线斜率求得 $b = 0.0420$s/cm^6。

■ 表 4-10   污泥比阻实验结果

时间 t/s	30	60	120	180	240	300	360
滤液体积 V/mL	25.2	37.4	55.6	67.4	76.4	83.7	88.5
t/V/(s/mL)	1.19	1.60	2.16	2.67	3.14	3.58	4.07

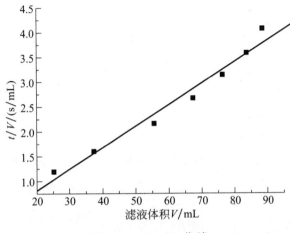

图 4-8   V-t/V 曲线

抽滤后泥饼重 141.582g，泥饼的浓度 138.670g/L（秒表启动前的滤液体积为 9.4mL）。经计算单位体积的滤液所产生的滤渣重量 $C=142.996$g/L，取 $C=0.143$g/mL，污泥比阻计算结果见表 4-11。

■ 表 4-11   污泥比阻计算结果

真空度 /Pa	曲线斜率 b /(s/cm^6)	过滤面积 A /cm^2	滤液动力黏度 /Pa·s	滤渣重量 C /(g/cm^3)	污泥比阻 r /(m/kg)
3.50×10^4	0.0420	63.59	0.001	0.143	0.0831×10^{13}

根据实验结果可以看出，投药以后，洗煤废水的污泥比阻降低到 0.0831×10^{13} m/kg，远小于 0.4×10^{13} m/kg，比原水降低了 30 倍左右，说明煤泥的脱水性能得到改善。

从上面的实验结果可以看出以下几点。

① 用电石渣替代石灰与 PAM 联用处理洗煤废水，除电石渣投加量高于石灰投加量外，沉降速度和清水分离率基本没有多大变化。因此，用电石渣替代石灰是可行的。

② 最佳实验组合条件是：PAM 的投药量为 40mg/L，投加 PAM 后搅拌 60s，电石渣的投加量为 4.0g/L，搅拌 60s。在最佳实验条件下，上清液中 pH＝11.14，SS＝68.7mg/L，COD＝63.8mg/L。除 pH 值外，SS 和 COD 均达到排放标准和回用洗煤的标准。

③ 电石渣与 PAM 联用处理洗煤废水，各因素对处理效果的影响与投加石灰法基本一致，但由于电石渣悬浊液中 $Ca(OH)_2$ 的含量比石灰悬浊液中少，因此，电石渣的投加量高于石灰投加量。

第5章

氯化钙与PAM联用处理高浓度洗煤废水

　　第3章和第4章的实验研究结果表明，用石灰或电石渣与PAM联用处理洗煤废水，不仅能够实现泥水分离，而且分离出的清水达到排放标准和回用洗煤要求，沉淀的煤泥也具有较好的脱水性能，处理成本也比较合理。初步分析认为，石灰或电石渣悬浊液对高浓度洗煤废水的混凝作用主要是 Ca^{2+}（或与水分子生成六水络合物 $[Ca^{2+}(H_2O)_6]^{2+}$ ）和 Ca^{2+} 的一羟基络合物 $[CaOH]^+$。Ca^{2+} 及 Ca^{2+} 的一羟基络合物 $[CaOH]^+$ 能够压缩双电层，降低 ζ 电位，破坏煤泥颗粒的稳定性。但这两种方法投药量较大，溶药、投药系统复杂，劳动强度大，工人的工作环境条件也不好。同时，混凝沉淀分离出的清水的 pH 值较高，不能直接排放和回用，还需要加酸调节 pH 值。加酸使处理工艺更加复杂，也增加了操作难度。因此，应开展其他混凝剂的应用实验研究。

　　氯化钙是一种常用的混凝剂，分子式为 $CaCl_2$。氯化钙是全溶物质，其水溶液中含有 Ca^{2+}。因此，从理论上讲，氯化钙能够对高浓度洗煤废水起混凝作用。前面的实验研究结果也初步证明了这一点。已有的研究成果表明，当洗煤废水中含有一定量的 Ca^{2+} 时，投加PAM处理洗煤废水能够获得较理想的处理效果。

本章主要对氯化钙与 PAM 联用处理高浓度洗煤废水的技术进行研究，确定氯化钙的投加量、PAM 的投加量、搅拌强度、氯化钙与 PAM 的投加顺序以及其他工艺条件。

5.1 投加氯化钙处理高浓度洗煤废水的沉降实验

5.1.1　氯化钙投加量对处理效果的影响

实验水样取自小青矿，SS＝62.372mg/L，COD＝25729mg/L，pH＝7.93。

取实验水样 6 份各 100mL，然后分别加入浓度为 2% 的氯化钙溶液，投药量分别为 0.4g/L、0.8g/L、1.0g/L、1.2g/L、1.6g/L、2.0g/L，以 100r/min 的速度搅拌 60s，然后倒入沉淀柱中沉淀，记录不同时间的泥面高度，最后测定上清液中的 SS 和 COD 浓度。实验结果如表 5-1 所示，沉降曲线如图 5-1 所示。投药量与清水分离率、SS、COD 的关系如表 5-2 和图 5-2 所示。

■ 表 5-1　氯化钙投加量对处理效果的影响

氯化钙投加量为 0.4g/L		氯化钙投加量为 0.8g/L		氯化钙投加量为 1.0g/L		氯化钙投加量为 1.2g/L		氯化钙投加量为 1.6g/L		氯化钙投加量为 2.0g/L	
沉降时间/min	絮体高度/mm	沉降时间/min	絮体高度/mm	沉降时间/min	絮体高度/mm	沉降时间/min	絮体高度/mm	沉降时间/min	絮体高度/mm	沉降时间/min	絮体高度/mm
0	102	0	104	0	105	0	106	0	108	0	110
10	100	10	101	10	101	10	102	10	103	10	104
30	97	30	96	30	95	30	96	30	97	30	98
50	95	50	93	50	92	50	92	50	92	50	93
100	92	100	90	100	89	100	86	100	85	100	86
150	90	150	88	150	86	150	83	150	82	150	82
200	88	200	86	200	84	200	81	200	80	200	80
300	86	300	84	300	82	300	79	300	78	300	78
480	84	480	81	480	79	480	76	480	75	480	76

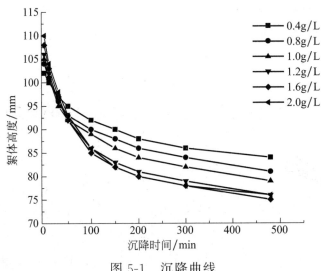

图 5-1　沉降曲线

■ 表 5-2　氯化钙投加量与各项指标的关系

投药量/（g/L）	清水分离率/%	SS/（mg/L）	COD/（mg/L）	沉速/（mm/s）
0.4	16	439	262	0.0031
0.8	19	357	2016	0.0042
1.0	21	308	185	0.0058
1.2	24	294	172	0.0061
1.6	25	291	167	0.0064
2.0	24	307	183	0.0066

从实验结果可以得出如下结论。

① 单独投加氯化钙的清水分离率略高于单独投加石灰的清水分离率，经过 480min 的沉淀，能够分离出 25％的清水，比投加石灰的清水分离率多 3％。但沉降速度较慢，清水分离率较低，上清液中的 SS 和 COD 也达不到排放和回用洗煤的标准。因此，单独使用氯化钙处理高浓度洗煤废水不能满足要求，还应投加絮凝剂强化处理效果。

② 氯化钙的投加量比石灰的投加量要低一些，当氯化钙的投加量在 1.2～1.6g/L 范围内，处理效果最好，超过 1.6g/L 后，除沉淀速度还略有提高外，SS、COD 和清水分离率均有下降的趋势。这说

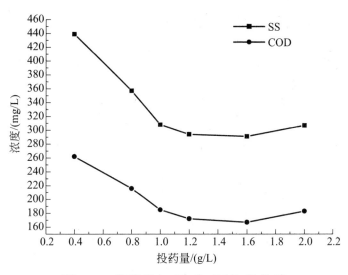

图 5-2　投药量与 SS 和 COD 的关系

明氯化钙的投加量要适当，药量过小，处理效果不理想；药量过大，会使胶体趋于再稳定，同样也影响处理效果。

5.1.2　SS 浓度对处理效果的影响

取 4 个水样各 100mL，其中 1# 水样 SS＝49398mg/L，COD＝18394mg/L，pH＝7.89；2# 水样 SS＝60962mg/L，COD＝25816mg/L，pH＝8.35；3# 水样 SS＝71672mg/L，COD＝26943mg/L，pH＝8.25；4# 水样 SS＝83948mg/L，COD＝29846mg/L，pH＝8.42。在 4 份水样分别加入浓度为 2％的氯化钙溶液，投药量为 1.2g/L，以 100r/min 的速度搅拌 60s，然后倒入沉淀柱中沉淀，记录不同时间的泥面高度。沉降实验结果如表 5-3 所示。SS 浓度与清水分离率的关系如图 5-3 所示。

从实验结果可以看出，在氯化钙投加量为 1.2g/L 的情况下，洗煤废水中的 SS 浓度（在 49398～83948mg/L 范围内）对沉降效果有一定影响，浓度高，清水分离效果稍差一些，但不十分显著。这说明对于 SS 浓度在 49398～83948mg/L 范围内的洗煤废水，氯化钙的投加量为 1.2g/L 时，或者说当氯化钙的投加量大于 0.0143g/g SS 时，能够满足洗煤废水的处理要求。

■ 表 5-3 SS 浓度对处理效果的影响

SS= 49398mg/L		SS= 60962mg/L		SS= 71672mg/L		SS= 83948mg/L	
沉降时间 /min	絮体高度 /mm	沉降时间 /min	絮体高度 /mm	沉降时间 /min	絮体高度 /mm	沉降时间 /min	絮体高度 /mm
0	106	0	106	0	106	0	106
10	101	10	102	10	102	10	103
30	96	30	96	30	97	30	98
50	93	50	92	50	92	50	93
100	88	100	86	100	88	100	89
150	83	150	83	150	84	150	85
200	80	200	81	200	81	200	82
300	77	300	79	300	79	300	80
480	75	480	76	480	77	480	78

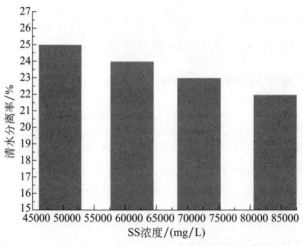

图 5-3　SS 对处理效果的影响

5.2 氯化钙与 PAM 联用处理洗煤废水的实验研究

5.2.1 投加 PAM 和氯化钙的顺序研究

取 $SS=62.372mg/L$，$COD=25729mg/L$，$pH=7.93$ 水样 2 份

各 100mL，其中一份水样的加药顺序是先加入浓度为 2% 的氯化钙溶液，投药量为 1.2g/L，以 100r/min 的速度搅拌 60s，然后再加入浓度为 0.1% 的非离子型 PAM 溶液，投药量为 30mg/L，以 80r/min 的速度搅拌 60s；另一份水样的加药顺序是先加入浓度为 0.1% 的非离子型 PAM 溶液，投药量为 30mg/L，以 100r/min 的速度搅拌 60s，然后再加入浓度为 2% 的氯化钙溶液，投药量为 1.2g/L，以 80r/min 的速度搅拌 60s。实验结果如表 5-4、表 5-5 所示，沉降曲线如图 5-4 所示。

■ 表 5-4　先投氯化钙后投 PAM 的沉降实验

沉降时间/min	0	1	2	3	5	10	30	60
絮体高度/mm	109	90	80	71	67	65	63	58

注：沉降 60min 实际清水分离率为 42%，沉速 $v = 0.286$mm/s，上清液中 SS 的浓度为 74mg/L。

■ 表 5-5　先投 PAM 后投氯化钙的沉降实验

沉降时间/min	0	1	2	3	5	10	30	60
絮体高度/mm	109	89	79	70	65	63	61	57

注：沉降 60min 实际清水分离率为 43%，沉速 $v = 0.294$mm/s，上清液中 SS 的浓度为 68mg/L。

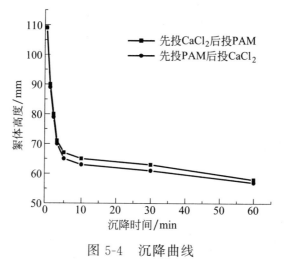

图 5-4　沉降曲线

根据实验结果可以看出，氯化钙和 PAM 混合投加时，加药顺序对混凝效果影响不大。但从形成的絮体外观来看，先投氯化钙形成的絮体粒度较先投 PAM 形成的絮体粒度小，不过差别不是很大。因此，先投加哪种药都可以，视具体情况而定。

5.2.2 投药量对处理效果的影响

采用 SS= 62.372mg/L，COD= 25729mg/L，pH = 7.93 水样进行实验。

（1）氯化钙投加量的影响

取实验水样 3 份各 100mL，分别定为 1#、2# 和 3# 水样。首先在 3 份水样中依次加入浓度为 2% 的 $CaCl_2$ 溶液，投药量分别为 0.8g/L、1.2g/L、1.6g/L，以 100r/min 的搅拌速度搅拌 60s，然后均加入浓度为 0.1% 的 PAM 溶液，投药量为 30mg/L，以 80r/min 的搅拌速度搅拌 60s。最后将水样倒入沉淀柱中沉淀，实验结果如表 5-6 和表 5-7 所示，沉降曲线如图 5-5 所示。

■ 表 5-6 氯化钙投加量的影响

氯化钙投加量为 0.8g/L				氯化钙投加量为 1.2g/L				氯化钙投加量为 1.6g/L			
沉降时间/min	絮体高度/mm	清水分离率/%	沉速/(mm/s)	沉降时间/min	絮体高度/mm	清水分离率/%	沉速/(mm/s)	沉降时间/min	絮体高度/mm	清水分离率/%	沉速/(mm/s)
0	107			0	109			0	111		
1	93			1	90			1	90		
2	81			2	79			2	78		
3	75	35	0.224	3	71	42	0.295	3	69	44	0.323
5	71			5	65			5	63		
10	68			10	62			10	59		
30	65			30	58			30	56		

■ 表 5-7　氯化钙投加量对处理后水质的影响

氯化钙投加量为 0.8g/L		氯化钙投加量为 1.2g/L		氯化钙投加量为 1.6g/L	
SS/（mg/L）	COD/（mg/L）	SS/（mg/L）	COD/（mg/L）	SS/（mg/L）	COD/（mg/L）
96	81	76	65	71	59

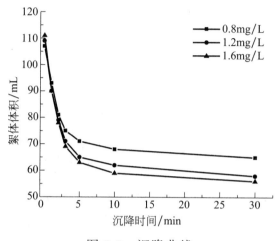

图 5-5　沉降曲线

根据实验结果及沉降曲线可得如下结论。

PAM 的投加使洗煤废水的沉降效果有了明显改善，在 30min 内基本完成沉降过程。清水分离率和沉降速度均比单独投加氯化钙溶液有提高，且上清液中的 COD 和 SS 均能达到排放标准。当洗煤废水中 PAM 的投加量一定时，随氯化钙投加量的增加，清水分离率和沉降速度都增加，但不是线性变化，当氯化钙投加量达到 1.2g/L 后，清水分离率和沉降速度的增长速率大大减小，当氯化钙投加量达到 1.6g/L 时，清水分离率和沉降速度基本趋于稳定。所以，氯化钙投药量要适当，不宜过大，也不宜过小。否则，分离出的上清液体积不会有多大变化，造成不必要的浪费或者达不到预期效果。

（2）PAM 投加量的影响

取实验水样 3 份各 100mL，分别定为 1#、2# 和 3# 水样。首先在 3 份水样均加入浓度为 2% 的氯化钙溶液，投药量为 1.2g/L，以 100r/min 的搅拌速度搅拌 60s，然后在 1#、2# 和 3# 水样中依次加入浓度为

0.1%的 PAM 溶液，投药量分别为 20mg/L、30mg/L、40mg/L，以 80r/min 的搅拌速度搅拌 60s。最后将水样倒入沉淀柱中沉淀，实验结果如表 5-8 和表 5-9 所示，沉降曲线如图 5-6 所示。

■ 表 5-8　PAM 投加量的影响

PAM 投加量为 20mg/L				PAM 投加量为 30mg/L				PAM 投加量为 40mg/L			
沉降时间/min	絮体高度/mm	清水分离率/%	沉速/(mm/s)	沉降时间/min	絮体高度/mm	清水分离率/%	沉速/(mm/s)	沉降时间/min	絮体高度/mm	清水分离率/%	沉速/(mm/s)
0	108			0	109			0	110		
1	95			1	90			1	88		
2	84			2	79			2	77		
3	78	35	0.224	3	71	42	0.295	3	69	44	0.323
5	73			5	65			5	62		
10	68			10	62			10	59		
30	64			30	58			30	56		

■ 表 5-9　PAM 投加量对处理后水质的影响

PAM 投加量为 20mg/L		PAM 投加量为 30mg/L		PAM 投加量为 40mg/L	
SS/(mg/L)	COD/(mg/L)	SS/(mg/L)	COD/(mg/L)	SS/(mg/L)	COD/(mg/L)
87	69	76	65	79	64

根据实验结果，可以得出如下结论。

① PAM 的投加量对煤泥的沉降速度有较大影响，当洗煤废水中氯化钙的投加量一定时，随着 PAM 投加量的不断增加，沉降速度不断提高，但当投加量超过 30mg/L 后，沉降速度的增长速度减缓。对于实验水样，当氯化钙的投加量为 1.2g/L，PAM 的投加量为 30mg/L 时，沉淀速度已达到 0.295mm/s。

② PAM 的投加量对清水分离率也有一定的影响，但不是十分显著，PAM 投加量从 20mg/L 增加到 30mg/L 时，清水分离率提高 6%，而当 PAM 投加量从 30mg/L 增加到 40mg/L 时，清水分离率仅提高 2%，基本没有什么变化。这一点与前面几种含钙混凝剂的实

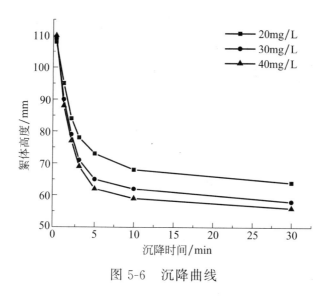

图 5-6　沉降曲线

验结果是一致的。

上述两组实验结果表明，两种药剂的投加量对处理效果有影响。因此应进行进一步的实验研究。

5.2.3　搅拌时间与搅拌速度对处理效果的影响

采用 SS＝62.372mg/L，COD＝25729mg/L，pH＝7.93 水样进行实验。

（1）搅拌时间对处理效果的影响

取实验水样 4 份各 100mL，先分别加入浓度为 2%的氯化钙溶液，投药量为 1.2g/L，以 100r/min 的速度分别搅拌 30s、60s、90s、120s，然后再均加入浓度为 0.1%的非离子型 PAM 溶液，投药量为 30mg/L，以 80r/min 的速度搅拌 60s，倒入沉淀柱中沉淀，记录不同时间的泥面高度。实验结果如表 5-10 所示。

从实验结果可以看出，投加氯化钙溶液后的搅拌时间对处理效果影响不大，搅拌 60s 效果最好。

取实验水样 4 份各 100mL，先分别加入浓度为 2%的氯化钙溶液，投药量为 1.2g/L，以 100r/min 的速度分别搅拌 60s，然后再均加入浓度为 0.1%的非离子型 PAM 溶液，投药量为 30mg/L，以

80r/min 的速度搅拌 30s、60s、90s、120s，倒入沉淀柱中沉淀，记录不同时间的泥面高度。实验结果如表 5-11 和图 5-7 所示。

■ 表 5-10　加氯化钙后搅拌时间对处理效果的影响

搅拌 30s		搅拌 60s		搅拌 90s		搅拌 120s	
沉降时间/min	絮体高度/mm	沉降时间/min	絮体高度/mm	沉降时间/min	絮体高度/mm	沉降时间/min	絮体高度/mm
0	109	0	109	0	109	0	109
1	95	1	91	1	91	1	95
2	81	2	79	2	80	2	82
3	74	3	72	3	73	3	75
5	72	5	65	5	66	5	71
10	70	10	62	10	63	10	68
30	68	30	59	30	60	30	64
60	67	60	58	60	59	60	62

■ 表 5-11　投加 PAM 后搅拌时间对处理效果的影响

搅拌 30s		搅拌 60s		搅拌 90s		搅拌 120s	
沉降时间/min	絮体高度/mm	沉降时间/min	絮体高度/mm	沉降时间/min	絮体高度/mm	沉降时间/min	絮体高度/mm
0	109	0	109	0	109	0	109
1	100	1	92	1	92	1	97
2	88	2	79	2	80	2	84
3	82	3	73	3	73	3	79
5	78	5	66	5	67	5	74
10	74	10	62	10	62	10	70
30	72	30	60	30	61	30	68
60	70	60	59	60	59	60	67

从实验结果可以看出，由于投加 PAM 后的搅拌是最后一次搅拌，搅拌时间的长短直接影响絮体的形成和沉淀效果，因此，搅拌时间对处理效果影响比投加氯化钙后的搅拌时间要显著（第一次搅拌）。搅拌时间小于 30s，反应不充分，混凝效果不好；搅拌 60s 和 90s 效果最好。搅拌时间大于 120s，清水分离率下降，主要原因是长时间

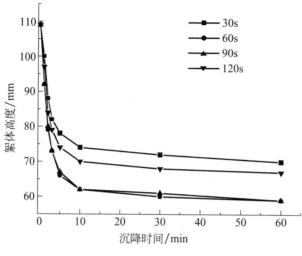

图 5-7　沉降曲线

的搅拌使已经形成的絮体破坏，进而影响沉淀效果。

（2）搅拌速度对处理效果的影响

取实验水样 4 份各 100mL，先均加入浓度为 2% 的氯化钙溶液，投药量为 1.2g/L，分别以 80r/min、100r/min、120r/min、150r/min 的速度搅拌 60s，然后再均加入浓度为 0.1% 的非离子型 PAM 溶液，投药量为 30mg/L，以 80r/min 的速度搅拌 60s，倒入沉淀柱中沉淀，记录不同时间的泥面高度，实验结果如表 5-12 所示，沉降曲线如图 5-8 所示。

■ 表 5-12　投加氯化钙后搅拌速度对处理效果的影响

80r/min		100r/min		120r/min		150r/min	
沉降时间/min	絮体高度/mm	沉降时间/min	絮体高度/mm	沉降时间/min	絮体高度/mm	沉降时间/min	絮体高度/mm
0	109	0	109	0	109	0	109
1	94	1	92	1	93	1	94
2	80	2	79	2	79	2	80
3	75	3	73	3	73	3	74
5	71	5	66	5	68	5	70
10	68	10	62	10	65	10	67
30	65	30	60	30	63	30	64
60	64	60	59	60	62	60	63

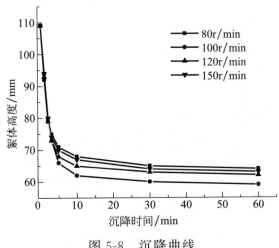

图 5-8　沉降曲线

取实验水样 4 份各 100mL，先均加入浓度为 2% 的氯化钙溶液，投药量为 1.2g/L，以 100r/min 的速度搅拌 60s，然后再均加入浓度为 0.1% 的非离子型 PAM 溶液，投药量为 30mg/L，以 60r/min、80r/min、100r/min、120r/min 的速度搅拌 60s，倒入沉淀柱中沉淀，记录不同时间的泥面高度，实验结果如表 5-13 所示，沉降曲线如图 5-9 所示。

■ 表 5-13　投加 PAM 后搅拌速度对处理效果的影响

60r/min		80r/min		100r/min		120r/min	
沉降时间 /min	絮体高度 /mm	沉降时间 /min	絮体高度 /mm	沉降时间 /min	絮体高度 /mm	沉降时间 /min	絮体高度 /mm
0	109	0	109	0	109	0	109
1	100	1	92	1	94	1	98
2	86	2	79	2	80	2	84
3	79	3	73	3	75	3	77
5	75	5	67	5	69	5	73
10	72	10	63	10	65	10	70
30	70	30	60	30	62	30	68
60	69	60	58	60	60	60	66

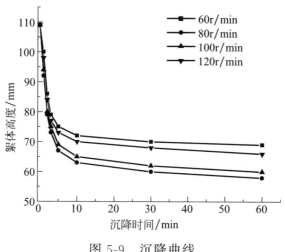

图 5-9　沉降曲线

从实验结果来看，投加氯化钙后的搅拌速度对处理效果的影响较小，而投加 PAM 后的搅拌速度对处理效果的影响相对要大一些。投加氯化钙后的搅拌速度在 100r/min 时效果最好，投加 PAM 后的搅拌速度在 80～100r/min 范围内均有较好的处理效果。

5.2.4　正交实验确定最佳实验条件

根据实际情况，做四因素三水平正交实验，4 个因素包括 PAM 的投加量、PAM 投加后的搅拌时间、氯化钙的投加量和氯化钙投加后的搅拌时间。因素水平见表 5-14。

■ 表 5-14　因素水平

水平	A 氯化钙投加量/（g/L）	B 搅拌时间/s	C PAM 投加量/（mg/L）	D 搅拌时间/s
1	0.8	30	20	30
2	1.2	60	30	60
3	1.6	90	40	90

根据因素水平表，本实验选用 $L_9(3^4)$ 表，按组合规则设计实验方案。

取 SS＝62.372mg/L，COD＝25729mg/L，pH＝7.93 水样进行

实验。实验步骤是每次取水样 100mL，先投加浓度为 2% 的氯化钙溶液，以 100r/min 的搅拌速度搅拌一定时间，然后再投加浓度为 0.1% 的 PAM 溶液，以 80r/min 的搅拌速度搅拌一定时间，最后将水样倒入沉淀柱中沉淀。实验结果如表 5-15 所示。

■ 表 5-15　正交实验结果

序号	A	B	C	D	沉速/（mm/s）	SS/（mg/L）
1	4	30	2	30	0.101	178
2	4	60	3	60	0.203	119
3	4	90	4	90	0.237	95
4	6	30	3	90	0.234	101
5	6	60	4	30	0.295	86
6	6	90	2	60	0.168	145
7	8	30	4	60	0.320	73
8	8	60	2	90	0.182	144
9	8	90	3	30	0.251	97
K_1	0.180	0.218	0.150	0.216		
K_2	0.232	0.227	0.229	0.230		
K_3	0.251	0.219	0.284	0.218		
R	0.071	0.009	0.134	0.014		
优水平	A_3	B_2	C_3	D_2		
主次因素	C>A>D>B					
最优组合	$A_3B_2C_3D_2$					

采用极差法对正交实验结果进行统计分析，极差分析如图 5-10 所示。

根据正交实验的结果及极差分析可得如下结论。

① 最佳实验组合条件是 $A_3B_2C_3D_2$，即氯化钙的投加量为 1.6g/L，搅拌时间为 60s，PAM 投加量为 40mg/L，搅拌时间为 60s。

② 影响洗煤废水沉降速度的主要因素是 PAM 的投加量，即随 PAM 的加入量增大，沉降速度明显加快；其次是氯化钙的投加量，其余两个因素影响相对较小。

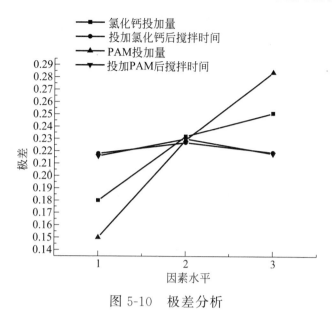

图 5-10　极差分析

③ PAM 的投加量对沉降速度影响很大，当 PAM 投加量达到 30mg/L 时，沉速平均值已达到 0.23mm/s 以上，但 PAM 投加量超过 30mg/L 后，沉速增长的速率减缓。因此，实际应用当中可适当减少 PAM 投药量，不一定非采用最佳投药量，只要有相当的沉速，并能生成过滤性能较好的絮体即可，这样可以降低药剂费。

5.2.5　最佳条件下的验证实验

（1）最佳条件下的沉降实验

取 SS＝62.372mg/L，COD＝25729mg/L，pH＝7.93 的水样，按上述最佳组合条件进行实验，即每次取水样 100mL，投加浓度为 2% 的氯化钙溶液，投加量为 1.6g/L，以 100r/min 的搅拌速度搅拌 60s，再投加浓度为 0.1% 的 PAM 溶液，投加量为 40mg/L，以 80r/min 的搅拌速度搅拌 60s。最后将水样倒入沉淀柱中沉淀，实验结果如表 5-16 所示，沉降曲线如图 5-11 所示。

■ 表 5-16　最佳条件下的沉降实验

沉降时间/min	0	1	2	3	5	10	30	60
絮体高度/mm	112	88	74	68	64	60	56	54

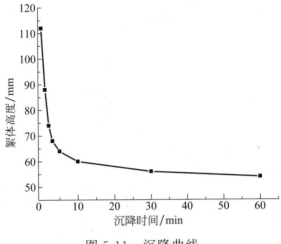

图 5-11　沉降曲线

沉降 30min 已基本完成沉降过程，沉降 60min 实际清水分离率为 46%，沉速 $v = 0.341$mm/s。上清液中 pH=7.86，SS=68.35mg/L，COD=57.64mg/L。3 项指标均达到排放标准和回用洗煤的标准。

（2）最佳条件下的沉降污泥的比阻测定

取 SS = 62.372mg/L，COD=25729mg/L，pH=7.93 的水样 500mL，先投加浓度为 2% 的氯化钙溶液，投加量为 1.6g/L，以 100r/min 的搅拌速度搅拌 60s，然后再投加浓度为 0.1% 的 PAM 溶液，投加量为 40mg/L，以 80r/min 的搅拌速度搅拌 60s，静沉 60min，得污泥 260mL，取其中 200mL 做污泥的比阻测定实验。过滤材料为定性滤纸，过滤面积约为 63.59cm²，真空度为 3.50×10^4Pa。实验按 1.2.5 步骤进行。实验结果见表 5-17。

■ 表 5-17　污泥比阻实验结果

时间 t/s	30	60	120	180	240	300	360	415
滤液体积 V/mL	24.7	38.1	54.2	66.5	74.6	81.5	86.5	90.9
t/V/（s/mL）	1.21	1.58	2.21	2.71	3.22	3.68	4.16	4.57

根据表 5-17 的实验数据做 V-t/V 曲线如图 5-12 所示。由图 5-12 的 V-t/V 曲线斜率求得 $b=0.0484$s/cm⁶。

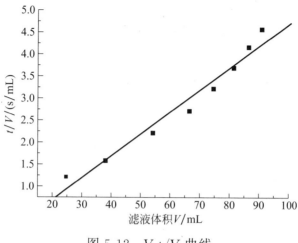

图 5-12　V-t/V 曲线

抽滤后泥饼重 124.145g，泥饼的浓度 123.774g/L（秒表启动前的滤液体积为 8.8mL）。经计算单位体积的滤液所产生的滤渣重量 $C=125.729g/L$，取 $C=0.126g/mL$，污泥比阻计算结果见表 5-18。

■ 表 5-18　污泥比阻计算结果

真空度 /Pa	曲线斜率 b /(s/cm^6)	过滤面积 A /cm^2	滤液动力黏度 /Pa·s	滤渣重量 C /(g/cm^3)	污泥比阻 r /(m/kg)
3.50×10^4	0.0484	63.59	0.001	0.126	0.109×10^{13}

根据实验结果可以看出，虽然投加氯化钙以后的污泥比阻比投加石灰、电石渣的污泥比阻大，但沉淀煤泥的比阻还是降低到了 0.107×10^{13} m/kg，远小于 0.4×10^{13} m/kg，比原水降低了 20 多倍，说明煤泥的脱水性能得到改善。

从上面的实验结果可以看出以下几点。

① 氯化钙对洗煤废水的混凝效果优于前两种方法，但单独投加，沉降速度较慢，清水分离率较低，上清液中的 SS 和 COD 也达不到排放和回用洗煤的标准。

② 氯化钙与 PAM 联用处理洗煤废水，沉降速度和清水分离率均有一定程度的提高。清水分离率较前两种方法提高 10% 左右。加

药顺序对处理效果影响不大。

③ 影响洗煤废水沉降速度的最主要因素是 PAM 的投加量,即随 PAM 的加入量增大,沉降速度明显加快;其次是氯化钙的投加量,氯化钙和 PAM 投加后的搅拌时间对沉降速度的影响相对较小。最佳实验条件是:氯化钙的投加量为 1.6g/L,搅拌时间为 60s,PAM 投加量为 40mg/L,搅拌时间为 60s。在最佳实验条件下,沉降 60min 实际清水分离率为 46%,沉速 $v = 0.341$mm/s。上清液中 pH $= 7.86$,SS $=68.35$mg/L,COD $= 57.64$mg/L。三项指标均达到排放标准和回用洗煤的标准。沉淀煤泥的比阻为 0.109×10^{13}m/kg,与原洗煤废水相比降低为原来的二十几分之一,满足机械脱水的要求。

第6章 <<<

钙镁复配药剂与PAM联用处理高浓度洗煤废水

已有的结果表明，氯化钙与 PAM 联用处理高浓度洗煤废水是一种比较有效的方法，具有出水水质好，清水分离率高，沉降速度快，沉淀煤泥脱水效果好等优点。但 Cl^- 对管道和设备具有较强的腐蚀性，投加氯化钙处理洗煤废水对管道和设备的使用寿命有较大的影响。Cl^- 对管道和设备的破坏作用主要表现为使金属表面由钝化状态转变为活化状态。

关于 Cl^- 使金属由钝化状态转变为活化状态的机理，目前有两种观点，即成相膜理论和吸附理论。成相膜理论的观点认为，由于 Cl^- 半径小，穿透能力强，故最容易穿透氧化膜内极小的孔隙，到达金属表面，并与金属相互作用形成可溶性化合物，使氧化膜的结构发生变化，腐蚀金属。而吸附理论的观点则认为，Cl^- 破坏氧化膜的根本原因是由于 Cl^- 有很强的可被金属吸附的能力，它们优先被金属吸附，并从金属表面把氧排掉。因为氧决定着金属的钝化状态，Cl^- 和氧争夺金属表面上的吸附点，甚至可以取代吸附中的钝化离子，与金属形成氯化物，氯化物与金属表面的吸附并不稳定，形成了可溶性物质，结果在基底金属上生成孔径为 $20\sim30\mu m$ 的小蚀坑，这些小蚀坑便是孔蚀核。在外加阳极极化条件下，只要介质中含有一定量的 Cl^-，便可能使蚀核发展成蚀孔，从而导致腐蚀的加速。

另外，氯化钙价格较高，致使氯化钙与 PAM 联用处理高浓度洗煤废水的处理药剂费也较高。为了降低处理成本，并解决 Cl^- 的腐蚀的问题，以氯化钙和价格便宜的硫酸镁为原料，复配新的钙镁混凝药剂。新复配的混凝药剂既要有氯化钙混凝效果好的优点，又要克服 Cl^- 腐蚀管道的缺点。

本章主要研究氯化钙和硫酸镁的复配比例、投药量等对洗煤废水处理效果的影响，确定复配药剂与 PAM 联用处理洗煤废水的工艺条件。

6.1 复配药剂的制备

将氯化钙和硫酸镁都配成浓度为 2% 的水溶液分别放在溶液瓶中待用。使用时将氯化钙和硫酸镁按一定的比例混合，搅拌使其混合均匀。复配药剂是透明、均一的溶液。复配药剂不宜放置时间过长，最好现用现配。

6.2 投加钙镁复配药剂处理高浓度洗煤废水

6.2.1 氯化钙和硫酸镁不同质量比对混凝效果的影响

将实验水样倒入烧杯，投加钙镁混凝药剂，搅拌均匀后再加入 PAM 溶液，以一定的速度搅拌一定的时间，然后倒入沉淀柱中静止沉淀 60min，最后测定清水分离率及清水中的 SS、COD 等指标，并测定絮凝体的污泥比阻值。

水样取自大隆矿，pH=7.88，SS=63.492g/L，COD=25938mg/L。

取实验水样 7 份各 100mL，分别投加氯化钙和硫酸镁质量比为 5∶0、4∶1、3∶2、1∶1、2∶3、1∶4、0∶5 的复配药剂溶液，投药量为 1.0g/L，以 100r/min 的速度搅拌 60s，然后倒入沉淀柱中沉淀，记录不同时间的泥面高度。实验结果如表 6-1 所示，沉降曲线如图 6-1 所示。

■ **表 6-1 氯化钙与硫酸镁质量比对处理效果的影响**

5 : 0		4 : 1		3 : 2		1 : 1		2 : 3		1 : 4		0 : 5	
沉降时间/min	絮体高度/mm	沉降时间/min	絮体高度/mm	沉降时间/min	絮体高度/mm	沉降时间/min	絮体高度/mm	沉降时间/min	絮体高度/mm	沉降时间/min	絮体高度/mm	沉降时间/min	絮体高度/mm
0	105	0	105	0	105	0	105	0	105	0	105	0	105
10	101	10	101	10	102	10	102	10	103	10	103	10	104
30	94	30	95	30	96	30	97	30	99	30	100	30	102
50	91	50	92	50	93	50	94	50	96	50	97	50	98
100	88	100	89	100	90	100	91	100	93	100	94	100	95
150	85	150	86	150	87	150	88	150	90	150	91	150	92
200	83	200	84	200	85	200	86	200	88	200	89	200	90
300	81	300	82	300	83	300	84	300	86	300	87	300	88
480	79	480	80	480	81	480	82	480	85	480	86	480	87

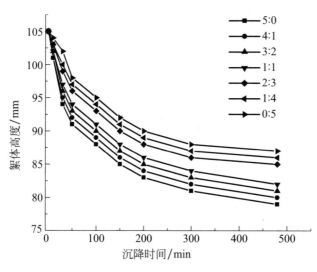

图 6-1 沉降曲线

由上述实验结果可得出如下结论。

氯化钙与硫酸镁复配对洗煤废水具有一定的混凝效果。复配药剂中氯化钙与硫酸镁的质量比对混凝效果有一定影响,随着氯化钙与硫酸镁质量比的下降,沉速和实际清水分离率均有所下降,但当氯化钙与硫酸镁的质量比大于 1∶1 时,清水分离率下降比较缓慢,当氯化钙与硫酸镁的质量比小于 1∶1 后，清水分离率下降的比较明显。这说明 Ca^{2+} 对洗煤废水的混凝效果虽然优于 Mg^{2+}，但效果差距不是很大，因此，用 Mg^{2+} 替代 Ca^{2+} 是可行的。为了保证复配药剂中 Ca^{2+} 含量不能过少，Cl^- 含量又不能过多，复配药剂中氯化钙与硫酸镁的质量比确定为 1∶1。

6.2.2　钙镁复配药剂投加量对处理效果的影响

采用 pH＝7.88，SS＝63.492g/L，COD＝25938mg/L 的水样进行实验。取实验水样 6 份各 100mL，然后分别加入浓度为 2％的钙镁复配药剂溶液，投药量分别为 0.4g/L、0.8g/L、1.0g/L、1.2g/L、1.6g/L、2.0g/L，以 100r/min 的速度搅拌 60s，然后倒入沉淀柱中沉淀，记录不同时间的泥面高度，最后测定上清液中的 SS 和 COD 浓度。实验结果如表 6-2 所示，沉降曲线如图 6-2 所示。投药量与清水分离率、SS、COD 的关系如表 6-3 和图 6-3 所示。

■ 表 6-2　钙镁复配药剂投加量对处理效果的影响

钙镁复配药剂投加量为 0.4g/L		钙镁复配药剂投加量为 0.8g/L		钙镁复配药剂投加量为 1.0g/L		钙镁复配药剂投加量为 1.2g/L		钙镁复配药剂投加量为 1.6g/L		钙镁复配药剂投加量为 2.0g/L	
沉降时间/min	絮体高度/mm	沉降时间/min	絮体高度/mm	沉降时间/min	絮体高度/mm	沉降时间/min	絮体高度/mm	沉降时间/min	絮体高度/mm	沉降时间/min	絮体高度/mm
0	102	0	104	0	105	0	106	0	108	0	110
10	100	10	102	10	102	10	103	10	104	10	106
30	97	30	97	30	96	30	96	30	97	30	99
50	96	50	94	50	93	50	91	50	93	50	94
100	93	100	91	100	89	100	86	100	86	100	87
150	91	150	89	150	86	150	84	150	83	150	84
200	89	200	87	200	84	200	82	200	81	200	82
300	87	300	85	300	82	300	80	300	79	300	80
480	86	480	83	480	80	480	78	480	77	480	79

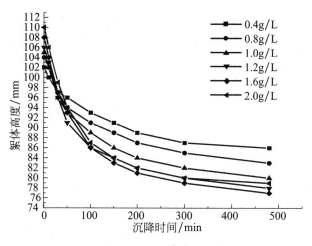

图 6-2　沉降曲线

■ 表 6-3　钙镁复配药剂投加量与各项指标的关系

投药量/（g/L）	清水分离率/%	SS/（mg/L）	COD/（mg/L）	沉速/（mm/s）
0.4	14	448	257	0.0029
0.8	17	375	204	0.0039
1.0	20	321	173	0.0050
1.2	22	309	161	0.0055
1.6	23	302	153	0.0062
2.0	21	320	177	0.0063

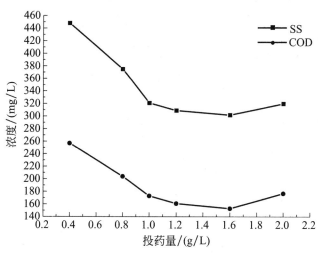

图 6-3　投药量与 SS 和 COD 关系

从上述的实验结果可以得出如下结论。

① 钙镁复配药剂对高浓度洗煤废水的处理效果与氯化钙相近，经过 480min 的沉淀，能够分离出 23％的清水，但沉降速度较慢，清水分离率较低，上清液中的 SS 和 COD 也达不到排放和回用洗煤的标准。因此，钙镁复配药剂需与 PAM 配合使用。

② 钙镁复配药剂的投加量对处理效果有一定的影响，当投药量较小时，随着投药量增加，处理效果越好，当钙镁复配药剂的投加量在 1.2～1.6g/L 范围内，处理效果最好，超过 1.6g/L 后，处理效果提高不显著，且有下降的趋势。因此，钙镁复配药剂的投加量要适当，投药量过小，药量不够，处理效果不理想；投药量过大，会使胶体趋于再稳定，同样也影响处理效果。根据实验结果，并参照投加氯化钙的实验结果，钙镁复配药剂的投药量采用 1.2g/L。

6.3 钙镁复配药剂与 PAM 联用处理洗煤废水的实验研究

6.3.1 投加 PAM 和钙镁复配药剂的顺序研究

取 pH＝7.88，SS＝63.492g/L，COD＝25938mg/L 水样 2 份各 100mL，其中一份水样的加药顺序是先加入浓度为 2％的钙镁复配药剂溶液，投药量采用 1.2g/L，以 100r/min 的速度搅拌 60s，然后再加入浓度为 0.1％的非离子型 PAM 溶液，投药量采用 30mg/L，以 80r/min 的速度搅拌 60s；另一份水样的加药顺序是先加入 PAM 溶液，然后再加入钙镁复配药剂溶液，其他实验条件相同。实验结果如表 6-4、表 6-5 所示，沉降曲线如图 6-4 所示。

■ 表 6-4　先投钙镁复配药剂后投 PAM 的沉降实验

沉降时间/min	0	1	2	3	5	10	30	60
絮体高度/mm	109	92	83	73	68	66	64	60

注：沉降 60min 实际清水分离率为 40％，沉速 $v = 0.253$mm/s，上清液中 SS 的浓度为 76mg/L。

■ 表 6-5　先投 PAM 后投钙镁复配药剂的沉降实验

沉降时间/min	0	1	2	3	5	10	30	60
絮体高度/mm	109	91	82	72	67	65	62	59

注：沉降 60min 实际清水分离率为 41%，沉速 v = 0.264mm/s，上清液中 SS 的浓度为 72mg/L。

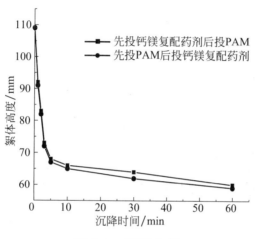

图 6-4　沉降曲线

根据实验结果可以看出，钙镁复配药剂和 PAM 混合投加时，加药顺序对混凝效果影响不大。但从形成的絮体外观来看，先投钙镁复配药剂形成的絮体尺寸较先投 PAM 形成的絮体尺寸小，不过差别不是很大。因此，先投加哪种药剂都可以，视具体情况而定。

6.3.2　正交实验确定最佳实验条件

根据实际情况，做四因素三水平正交实验，4 个因素包括 PAM 的投加量、PAM 投加后的搅拌时间、钙镁复配药剂的投加量和钙镁复配药剂投加后的搅拌时间。由于钙镁复配药剂的性质与氯化钙性质相近，因此，搅拌速度和搅拌时间参照氯化钙单因素实验结果。因素水平见表 6-6。

根据因素水平表，本实验选用 $L_9(3^4)$ 表，按组合规则设计实验方案。

■ 表 6-6　因素水平

水平	A 钙镁复配药剂投加量/（g/L）	B 搅拌时间/s	C PAM 投加量/（mg/L）	D 搅拌时间/s
1	0.8	30	20	30
2	1.2	60	30	60
3	1.6	90	40	90

取 pH＝7.88，SS＝63.492g/L，COD＝25938mg/L 水样进行实验。实验步骤是每次取水样 100mL，先投加浓度为 2％的钙镁复配药剂溶液，以 100r/min 的搅拌速度搅拌一定时间，然后再投加浓度为 0.1％的 PAM 溶液，以 80r/min 的搅拌速度搅拌一定时间，最后将水样倒入沉淀柱中沉淀。实验结果如表 6-7 所示。

■ 表 6-7　正交实验结果

序号	A	B	C	D	沉速/（mm/s）	SS/（mg/L）
1	4	30	2	30	0.089	182
2	4	60	3	60	0.186	136
3	4	90	4	90	0.210	110
4	6	30	3	90	0.232	98
5	6	60	4	30	0.287	84
6	6	90	2	60	0.153	157
7	8	30	4	60	0.310	72
8	8	60	2	90	0.159	161
9	8	90	3	30	0.236	104
K_1	0.162	0.210	0.134	0.204		
K_2	0.224	0.211	0.218	0.216		
K_3	0.235	0.200	0.269	0.200		
R	0.073	0.011	0.135	0.016		
优水平	A_3	B_2	C_3	D_2		
主次因素	C＞A＞D＞B					
最优组合	$A_3B_2C_3D_2$					

采用极差法对正交实验结果进行统计分析，极差分析如图 6-5 所示。

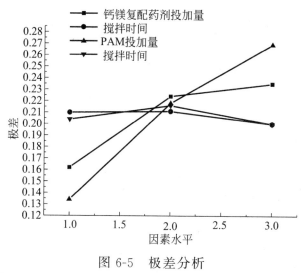

图 6-5　极差分析

根据正交实验的结果及极差分析可得如下结论。

① 最佳实验组合条件是 $A_3B_2C_3D_2$，即钙镁复配药剂投加量为 1.6g/L，搅拌时间 60s，PAM 投加量为 40mg/L，搅拌 60s。

② 影响洗煤废水沉降速度的主要因素是 PAM 的投加量，即随 PAM 的加入量增大，沉降速度明显加快；其次是钙镁复配药剂的投加量，其余两个因素影响相对较小。

6.3.3　最佳实验条件下的验证实验

（1）最佳实验条件下的沉降实验

取 pH=7.88，SS=63.492g/L，COD=25938mg/L 的水样，按上述最佳组合条件进行实验，即每次取水样 100mL，投加浓度为 2% 的钙镁复配药剂溶液，投加量为 1.6g/L，以 100r/min 的搅拌速度搅拌 60s，再投加浓度为 0.1% 的 PAM 溶液，投加量为 40mg/L，以 80r/min 的搅拌速度搅拌 60s。最后将水样倒入沉淀柱中沉淀，实验结果如表 6-8 所示，沉降曲线如图 6-6 所示。

■ 表 6-8　最佳条件下的沉降实验

沉降时间/min	0	1	2	3	5	10	30	60
絮体高度/mm	112	89	76	69	66	62	58	56

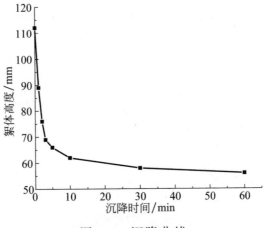

图 6-6　沉降曲线

沉降 30min 已基本完成沉降过程，沉降 60min 实际清水分离率为 44％，沉速 $v = 0.332$mm/s。上清液中 pH＝7.95，SS＝64.48mg/L，COD＝54.75mg/L。三项指标均达到回用洗煤的标准。

（2）最佳实验条件下沉降污泥的比阻测定

取 pH＝7.88，SS＝63.492g/L，COD＝25938mg/L 的水样 500mL，先投加浓度为 2％的钙镁复配药剂溶液，投加量为 1.6g/L，以 100r/min 的搅拌速度搅拌 60s，然后再投加浓度为 0.1％的 PAM 溶液，投药量为 40mg/L，以 80r/min 的搅拌速度搅拌 60s，静沉 60min，得污泥 260mL，取其中 200mL 做污泥的比阻测定实验。过滤材料为定性滤纸，过滤面积约为 63.59 cm²，真空度为 3.50×10^4Pa。实验按 1.2.5 步骤进行。实验结果见表 6-9。

■ 表 6-9　污泥比阻实验结果

时间 t/s	30	60	120	180	240	300	360	415
滤液体积 V/mL	24.1	37.6	53.5	66.3	74.1	80.3	85.6	90.3
t/V（s/mL）	1.25	1.60	2.24	2.72	3.24	3.74	4.21	4.60

根据表 6-9 的实验数据做 $V\text{-}t/V$ 曲线如图 6-7 所示。由图 6-7 的 $V\text{-}t/V$ 曲线斜率求得 $b＝0.0501$s/cm⁶。

抽滤后泥饼重 126.804g，泥饼的浓度 125.300g/L（秒表启动

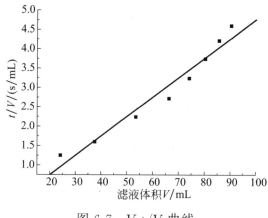

图 6-7　V-t/V 曲线

前的滤液体积为 8.5mL）。经计算单位体积的滤液所产生的滤渣重量 $C = 127.823$g/L，取 $C = 0.128$g/mL，污泥比阻计算结果见表 6-10。

■ **表 6-10　污泥比阻计算结果**

真空度 /Pa	曲线斜率 b / (s/cm^6)	过滤面积 A / cm^2	滤液动力黏度 /Pa·s	滤渣重量 C / (g/cm^3)	污泥比阻 r / (m/kg)
3.50×10^4	0.0501	63.59	0.001	0.128	0.111×10^{13}

根据实验结果可以看出，投加钙镁复配药剂以后的污泥比阻为 0.111×10^{13}m/kg，与投加氯化钙后的污泥比阻相近，远小于 0.4×10^{13}m/kg，比原水降低了 20 多倍，说明煤泥的脱水性能得到改善。

从上面的实验结果可以看出以下几点。

① 氯化钙与硫酸镁复配对洗煤废水具有一定的混凝效果。复配药剂中氯化钙与硫酸镁的质量比对混凝效果有一定影响。当氯化钙与硫酸镁的质量比为 1:1 时，不仅具有与氯化钙相近的处理效果，而且使 Cl$^-$ 含量减少一半，进而减轻了 Cl$^-$ 对管道和设备的腐蚀，另外，硫酸镁的价格比氯化钙氯化钙低，因此，使用钙镁复配药剂还可以降低成本。

② 虽然钙镁复配药剂能够使洗煤废水实现泥水分离，但沉降速度较慢，清水分离率较低，上清液中的 SS 和 COD 也达不到排放和

回用洗煤的标准。钙镁复配药剂与 PAM 联用处理洗煤废水，沉降速度和清水分离率均有一定程度的提高。加药顺序对处理效果影响不大。

③ 采用钙镁复配药剂与 PAM 联用的方法处理洗煤废水，影响煤泥沉降速度的最主要因素是 PAM 的投加量，即随 PAM 的加入量增大，沉降速度明显加快；其次是钙镁复配药剂的投加量，钙镁复配药剂和 PAM 投加后的搅拌时间对沉降速度的影响相对较小。最佳实验条件是钙镁复配药剂投加量为 1.6g/L，搅拌时间为 60s，PAM 投加量为 40mg/L，搅拌时间为 60s。在最佳实验条件下，沉降 60min 实际清水分离率为 44%，沉速 $v = 0.332$mm/s。上清液中 pH = 7.95，SS = 64.48mg/L，COD = 54.75mg/L。三项指标均达到回用洗煤的标准。沉淀煤泥的比阻为 0.111×10^{13} m/kg，与原洗煤废水相比降低了 20 多倍，满足机械脱水的要求。

第7章 ‹‹‹

混凝沉淀处理法处理高浓度洗煤废水的机理分析

石灰和电石渣悬浊液中的主要成分是 $Ca(OH)_2$、Ca^{2+} 和 OH^-，氯化钙溶液中主要是 Ca^{2+} 和 Cl^-，钙镁复配药剂溶液中主要有 Ca^{2+}、Cl^-、Mg^{2+} 和 SO_4^{2-}。上述成分中究竟是哪种成分在起作用？作用机理如何？还需进一步研究。另外，聚合氯化铝和聚合硫酸铁等为什么对高浓度洗煤废水的混凝效果不好？加药顺序为什么对处理效果有影响？这些问题也都需要进一步的分析。本章的主要内容就是对石灰、电石渣和氯化钙、钙镁复配药剂与 PAM 联用处理高浓度洗煤废水的作用机理以及上述相关问题进行研究与分析。

7.1 石灰（或电石渣）与 PAM 联用处理高浓度洗煤废水的作用机理分析

石灰和电石渣悬浊液中的主要成分是 $Ca(OH)_2$、Ca^{2+} 和 OH^-，下面对上述三种成分在高浓度洗煤废水混凝中的作用以及石灰（或电石渣）与 PAM 联用处理高浓度洗煤废水的作用机理进行研究分析。

7.1.1 OH⁻的作用

取 $SS=69.184g/L$，$COD=26352mg/L$，$pH=7.04$ 的水样进行

实验。实验时先用 HCl 或 NaOH 溶液调节实验水样的 pH 值，然后在实验水样加入浓度为 0.1% 的 PAM 溶液，投药量为 40mg/L，以 100r/min 的搅拌速度搅拌 60s，再投加浓度为 4% 的石灰悬浊液液，投药量为 2.4g/L，以 80r/min 的搅拌速度搅拌 60s，最后将水样倒入沉淀柱中沉淀。清水分离率和清水中的 SS 见表 7-1。取同样条件下的沉淀煤泥测定污泥比阻，实验结果见表 7-1。

■ 表 7-1　OH⁻ 对处理效果的影响

原始 pH 值	清水分离率/%	清水中的 SS/ (mg/L)	污泥比阻 × 10¹³/ (m/kg)
4	37	73. 8	0. 0958
6	37	74. 1	0. 0961
8	36	75. 7	0. 0964
10	34	82. 9	0. 0988
12	32	89. 7	0. 102
13	30	96. 8	0. 112

从表 7-1 可以看出，当原始 pH 值小于 8，清水分离率和煤泥的脱水性能基本没有变化。当 pH 值超过 8 以后，随着 pH 值的增高，清水分离率和煤泥的脱水性能略有下降，但变化不大，这说明 OH⁻ 对混凝效果有一定影响，但不十分显著。为了进一步考察 OH⁻ 的作用，又进行了不同 pH 值下单独投加 PAM 的实验，但均不能分离出清水。因此，可以认为，OH⁻ 在洗煤废水混凝过程中不直接起作用，只是影响 Ca^{2+} 和 $Ca(OH)_2$ 在溶解液中所占的比例，以及 PAM 对洗煤废水的絮凝效果（在碱性条件下，PAM 对洗煤废水的絮凝效果下降），进而影响清水分离率和絮凝体的脱水性能。投加石灰和电石渣的实验也产生同样的现象，因此，可以推断石灰和电石渣对洗煤废水的混凝作用不是调节洗煤废水的 pH 值，而是提供了 Ca^{2+} 和 $Ca(OH)_2$。

7.1.2　Ca^{2+} 和 $Ca(OH)_2$ 对处理效果的影响

（1）石灰悬浊液与过滤液的对比实验

将 4% 的石灰悬浊液过滤，然后用此过滤液（仅含 Ca^{2+}、OH⁻）

来代替石灰悬浊液与 PAM 配合使用，做对比实验。实验水样的 pH＝7.04，SS＝69.184g/L，COD＝26352mg/L。取实验水样 6 份各 100mL，均加入浓度为 0.1％的 PAM 溶液，投药量为 40mg/L，以 100r/min 的搅拌速度搅拌 60s，然后再分别投加浓度为 4％的石灰悬浊液过滤液，投药量分别为 0.8g/L、1.6g/L、2.4g/L、3.2g/L、4.0g/L 和 4.8g/L，以 80r/min 的搅拌速度搅拌 60s，最后将水样倒入沉淀柱中沉淀，实验结果见表 7-2。投加石灰悬浊液的对比实验结果见表 7-2。

■ 表 7-2　石灰悬浊液与过滤液的对比实验

投药量 /（g/L）	投加石灰悬浊液过滤液		投加石灰悬浊液	
	清水分离率/%	污泥比阻×10^13 /(m/kg)	清水分离率/%	污泥比阻×10^13 /(m/kg)
0.8	18	0.179	20	0.164
1.6	25	0.134	27	0.122
2.4	34	0.114	36	0.0975
3.2	35	0.0959	37	0.0912
4.0	36	0.0907	38	0.0864
4.8	35	0.0886	38	0.0853

实验结果表明，过滤掉非溶解的 $Ca(OH)_2$ 及一些杂质后，石灰溶液对洗煤废水仍然有较好的混凝作用，清水分离率虽然有所降低，但只降低了 2％，这说明 Ca^{2+} 在混凝中起着主要作用，而 $Ca(OH)_2$ 对混凝效果影响相对要小一些。但从絮体的脱水性能来看，投加过滤液产生的絮体的脱水性能不如投加悬浊液产生的絮体的脱水性能好。这主要是因为煤泥中 SiO_2 的含量较高（占 40％以上）。所以，当有 $Ca(OH)_2$ 存在时，就会发生如下反应：

$$Ca(OH)_2 + 5SiO_2 \longrightarrow CaO \cdot 5SiO_2 + H_2O \tag{7-1}$$

该反应产物为硬硅酸钙石，具有一定的强度，从而改善了煤泥的脱水性能。

（2）投加氯化钙的对比实验

为了进一步证明 Ca^{2+} 在洗煤废水混凝中的作用，用氯化钙代替石灰悬浊液与 PAM 配合进行实验。实验时氯化钙的浓度为 2%，实验水样体积为 100mL，其他条件和实验步骤同前，实验结果见表 7-3。

■ 表 7-3　投加氯化钙的实验结果

氯化钙投加量 / (g/L)	投药前 pH 值	投药后 pH 值	清水分 离率/%	污泥比阻 × 10^{13} / (m/kg)
0.4	7.04	7.12	26	0.187
0.8	7.04	7.20	35	0.134
1.2	7.04	7.98	42	0.121
1.6	7.04	7.08	44	0.111

从实验结果看，投加氯化钙有较好的处理效果，清水分离率高于投加石灰、电石渣。

由于投加氯化钙溶液时基本没有增加 OH^- 和 $Ca(OH)_2$，因此，就进一步证明了 Ca^{2+} 在洗煤废水混凝中起着主要作用。另外，从污泥比阻值来看，投加氯化钙比投加电石渣悬浊液脱水性能稍差一些，这又说明了 $Ca(OH)_2$ 对改善煤泥的脱水性能有益处。

7.1.3　石灰（或电石渣）处理高浓度洗煤废水的作用机理分析

（1）Ca^{2+} 的作用

Ca^{2+} 在水中的存在形式主要有 Ca^{2+}（或与水分子生成六水络合物 $[Ca^{2+}(H_2O)_6]^{2+}$）、Ca^{2+} 的一羟基络合物 $[CaOH]^+$、$Ca(OH)_{2(aq)}$。浓度为 45.0mg/L 的 Ca^{2+} 水解组分浓度对数图计算结果表明：pH 值在 7.0 以下，Ca^{2+} 占绝对优势；pH 值在 7.0 以上，$[CaOH]^+$ 浓度逐渐增加，并出现了 $Ca(OH)_{2(aq)}$ 组分；pH 值在 12.0 左右，3 种形式的组分浓度相等，$[CaOH]^+$ 达到最大值。由于投加石灰、电石渣时，洗煤废水的 pH 值一般在 11 以上，因此，3 种组分形式对洗煤废水的混凝都发挥一定的作用。

① 游离 Ca^{2+} 以静电作用吸附压缩双电层

高浓度洗煤废水是一种带有较强负电荷的胶体体系，其胶团结构分别为：

$$\{[SiO_2]_m \cdot nSiO_3^{2-}, 2(n-x)H^+\}^{2x-}$$

$$\{[Al(OH)_3]_m \cdot nAlO_2^- (n-x)H^+\}^{x-}$$

正是这些带电胶体颗粒的存在才使洗煤废水得以稳定。向洗煤废水中投加含钙混凝剂后，由于提供了带正电的 Ca^{2+}，压缩了带负电的双电层，降低了 ζ 电位，破坏了胶体的稳定性，使煤泥颗粒发生了凝聚。

② Ca^{2+} 与水分子生成的六水络合物破坏了双电层结构

当钙离子的浓度不是很大时，Ca^{2+} 与水分子生成六水络合物 $[Ca(H_2O)_6]^{2+}$，其中心处为 Ca^{2+}，结构如图 7-1 所示。

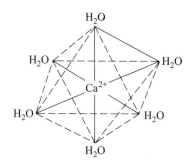

图 7-1　Ca^{2+} 与水分子生成的六水络合物 $[Ca(H_2O)_6]^{2+}$

这种亚稳定粒子为多面体结构，内部有空洞，空洞被水分子占据，进入腔体的水分子与构成腔体架格的分子相互作用较弱。由于腔体内场对称性较强，阻碍取向键形成，因此，进入腔体的水分子具有部分疏水性。另外，由于 Ca^{2+} 的作用，削弱了 O—H 键能，也使水分子极性减弱。由于吸附在煤泥颗粒或黏土表面的 $[Ca(H_2O)_6]^{2+}$ 具有一定的疏水性，并且粒径较大，使得水分子在煤泥颗粒表面排列不紧密，因此，使煤泥颗粒表面疏水性增强。总之，Ca^{2+} 的存在使得普通的水分子与煤泥颗粒的吸附能力减弱，煤泥颗粒表面自由能降低。可以说 Ca^{2+} 的吸附是在紧密层内，破坏了双电层结构，所以凝聚效果显著改善。

③ 钙羟基络合物降低煤泥颗粒的 ζ 电位

高浓度洗煤废水的 pH 值一般在 7.5～9.0 范围内，在此范围内，煤泥颗粒表面存在大量的硅羟基（＼SiOH）和铝羟基（＼AlOH）。根据一羟基络合物假说，在 pH 值达到 7.0 以后，Ca^{2+} 就会和 OH^- 形成羟基络合物 $[CaOH]^+$（钙羟基），而且其浓度随 pH 值的增高而增大。这种带正电荷的络合物能够与煤泥颗粒表面存在大量的硅羟基和铝羟基发生吸附，降低煤泥颗粒的 ζ 电位，从而达到混凝的目的。可能的吸附方式为：

$$\text{＼SiOH} + [CaOH]^+ = \text{＼}Si^- OHHOCa^+ = \text{＼}Si^- OCa^+ + H_2O$$

$$(7\text{-}2)$$

$$\text{＼AlOH} + [CaOH]^+ = \text{＼}Al^- OHHOCa^+ = \text{＼}Al^- OCa^+ + H_2O$$

$$(7\text{-}3)$$

另外，由于钙羟基吸附物并不是在煤泥颗粒表面均匀分布，而是覆盖了一小部分，这样就使得煤泥颗粒表面带正电荷的钙羟基与没有吸附物的部位相互产生静电吸引，从而引起颗粒间相互吸引产生凝聚。颗粒表面吸附凝聚可能的过程如图 7-2 所示。

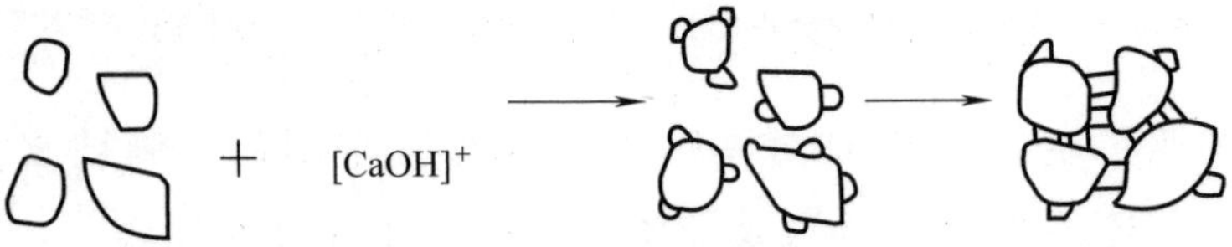

图 7-2　颗粒表面吸附凝聚

④ Ca^{2+} 的存在能够去除一些无机离子和有机杂质

在洗煤废水中存在 SiO_3^{2-}、CO_3^{2-}、SO_4^{2-} 等，Ca^{2+} 可以和这些物质发生反应生成难溶盐而沉降下来，因此，引入 Ca^{2+} 有助于提高处理效果。

(2) $Ca(OH)_2$ 的作用

① 沉淀吸附在煤泥颗粒表面的 $Ca(OH)_2$ 对混凝效果有一定的促进作用。

James 等在测定金属离子在 SiO_2 表面的吸附时，发现 Ca^{2+} 的吸附不能完全归因于 $[CaOH]^+$ 的吸附，可能还存在以 $Ca(OH)_2$ 沉淀形式的吸附。同样道理，采用含钙混凝剂处理洗煤废水，当 Ca^{2+} 浓度较高时，在煤泥颗粒表面会有一部分 $Ca(OH)_2$ 与硅羟基和铝羟基发生吸附沉淀，具体的形式为：

$$2 \diagdown SiOH + Ca(OH)_2 = \begin{matrix} SiO-HHO \\ \diagup \quad \diagdown \\ \quad Ca \\ \diagdown \quad \diagup \\ SiO-HHO \end{matrix} = \begin{matrix} Si-O \\ \diagup \quad \diagdown \\ \quad Ca \\ \diagdown \quad \diagup \\ Si-O \end{matrix} + 2H_2O \qquad (7\text{-}4)$$

$$2 \diagdown AlOH + Ca(OH)_2 = \begin{matrix} AlO-HHO \\ \diagup \quad \diagdown \\ \quad Ca \\ \diagdown \quad \diagup \\ AlO-HHO \end{matrix} = \begin{matrix} Al-O \\ \diagup \quad \diagdown \\ \quad Ca \\ \diagdown \quad \diagup \\ Al-O \end{matrix} + 2H_2O \qquad (7\text{-}5)$$

与钙羟基吸附物在煤泥颗粒表面吸附一样，$Ca(OH)_2$ 吸附沉淀也不是在煤泥颗粒表面均匀分布，而是覆盖了一小部分，这样就使得煤泥颗粒表面吸附沉淀的 $Ca(OH)_2$ 与没有吸附物的部位相互吸引从而引起颗粒间相互吸引产生凝聚。

沉淀的 $Ca(OH)_2$ 来源有两个方面。一是向洗煤废水中投加石灰、电石渣悬浊液时，所投加的药剂中就有一定数量的 $Ca(OH)_2$；二是 Ca^{2+} 的浓度达到一定程度时，产生 $Ca(OH)_2$ 沉淀物。从理论上讲，投加氯化钙时洗煤废水中没有 $Ca(OH)_2$，但金属离子在界面区域与在溶液中的性质存在较大的区别，表面沉淀生成的界面溶度积 K_{SP}^{S} 比金属离子在溶液中形成氢氧化物沉淀的溶度积 K_{SP} 小，两者之间存在如下关系：

$$\lg\left(\frac{K_{SP}}{K_{SP}^{S}}\right) = \frac{G_M^{M^+} + G_{OH^-}}{2.303RT} \qquad (7\text{-}6)$$

式中　$G_M^{M^+}$——电场对金属离子标准自由能的贡献，为正值；

　　　G_{OH^-}——电场对氢氧根标准自由能的贡献，为正值；

　　　R——气体常数；

　　　T——温度。

$Ca(OH)_2$ 的 K_{SP}^{S} 计算结果如表 7-4 所示。

■ 表 7-4　$Ca(OH)_2$ 的 K_{SP}^{S} 计算结果

金属离子	$\lg(K_{SP}/K_{SP}^{S})$	K_{SP}	K_{SP}^{S}
Ca^{2+}	1.48	$10^{-5.19}$	$10^{-6.67}$

从表 7-4 可以看出，Ca^{2+} 的界面溶度积 K_{SP}^S 低于溶液中溶度积 K_{SP} 1.5 倍，说明 Ca^{2+} 在煤泥颗粒表面比在煤泥水中更容易形成沉淀。

另外，在界面区域，i 组分的浓度 C_i^s（活度）将大于它在溶液中的浓度 C_i，C_i^s 和 C_i 之间存在以下关系：

$$C_i^s = C_i \exp[(\mu_i^{0,s} - \mu_i^0)/RT] \tag{7-7}$$

式中　　$\mu_i^{0,s}$——i 组分在界面上的标准化学势；

　　　　μ_i^0——i 组分在溶液中的标准化学势。

通过计算，Ca^{2+} 在 pH 值为 $4.0 \sim 10.0$，浓度为 $1.0 \times 10^{-4} mol/L$ 时，界面区域的浓度为 $0.86 mol/L$，几乎是溶液浓度的 10^4 倍。因此，当洗煤废水中投加含钙混凝剂时，煤泥颗粒界面 Ca^{2+} 的浓度也将大大超过洗煤废水中的 Ca^{2+} 浓度。

由于煤泥颗粒界面 Ca^{2+} 的浓度大大超过洗煤废水中的 Ca^{2+} 浓度，而且 Ca^{2+} 的界面溶度积 K_{SP}^S 小于溶液中溶度积 K_{SP}，因此，洗煤废水中一部分 Ca^{2+} 在煤泥颗粒表面可能以 $Ca(OH)_2$ 沉淀形式吸附。

② $Ca(OH)_2$ 与煤泥颗粒中的 SiO_2 生成硬硅酸钙层

煤泥颗粒表面硬硅酸钙层的生成，保证了表面牢固接触并提高絮体强度，当投加 PAM 时，PAM 的架桥作用得以充分发挥，能够形成粗大、密实且易于沉降的絮团，而且澄清水的浊度低，有利于絮凝。另外，硬硅酸钙的形成，能够改善煤泥的脱水性能，起到助滤剂的作用，使煤泥不易黏附堵塞滤布。

通过以上的分析可以推测出，当 Ca^{2+} 的浓度过高时，煤泥颗粒表面上的吸附物或沉淀物所占的面积就会增大，颗粒就会排斥，使混凝效果有恶化的趋势。另外，当 Ca^{2+} 的浓度过高时，还可以使煤泥胶体颗粒电荷变号，同样会使胶体再稳定。因此，当混凝剂投加量过多时，就出现了混凝效果恶化的趋势。

7.1.4　PAM 的絮凝作用

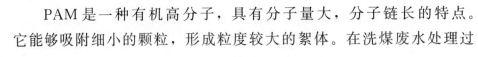

PAM 是一种有机高分子，具有分子量大，分子链长的特点。它能够吸附细小的颗粒，形成粒度较大的絮体。在洗煤废水处理过

程中的絮凝作用主要是通过高分子的桥联作用，把脱稳的煤泥悬浮粒子连接在一起，从而形成较大的颗粒。图 7-3 为 PAM 架桥模型示意图。

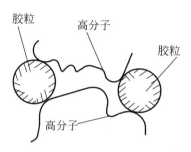

图 7-3　PAM 架桥模型示意

非离子型的 PAM 在洗煤废水中的混凝作用仅为吸附架桥。对阴离子型 PAM 来说，虽然 PAM 水解后带有负电荷的基团 COO—，使得 PAM 与煤泥颗粒的吸附不如阳离子型 PAM 和非离子型的 PAM，但由于负电荷的相斥作用，使 PAM 分子展开，分子链能较好地在洗煤废水中伸展，增加 PAM 分子链与煤泥颗粒的接触机会，因而也有较好的架桥作用。阳离子型 PAM 水解后带有正电荷，因此，在洗煤废水处理中不仅起吸附架桥的作用，而且具有电性中和的作用。

PAM 的絮凝作用随着投药量的不同以及其他因素的影响可以有以下几种情况。

① 当投药量适宜时，具有线性结构的 PAM 首先与胶粒表面产生特殊的反应而相互吸附。

② 当溶液中胶粒浓度小时，具有线性结构的 PAM 由于伸展部分空位，因此迟早还会被另一端的胶粒吸附在其他部位上，即产生二次吸附作用，这时这个聚合物就失去架桥作用。

③ 当 PAM 絮凝剂投加量过大时，会产生胶粒表面饱和而产生再稳定现象。

④ 对于已经架桥絮凝的胶粒，若受到剧烈的长时间的搅拌，架桥聚合物可能从胶粒表面脱开，重新又卷回原所在胶粒表面造成再稳定状态。

131

7.1.5　沉降煤泥的网捕作用

洗煤废水投加混凝剂和絮凝剂后，产生大量的煤泥颗粒絮体，这些煤泥颗粒絮体在沉降的过程中可以网捕、卷扫洗煤废水中的煤泥颗粒，从而达到泥水分离的目的。

7.2　氯化钙与 PAM 联用处理高浓度洗煤废水的作用机理分析

7.2.1　Ca^{2+} 的作用

向高浓度洗煤废水中投加氯化钙溶液，对洗煤废水的 pH 值基本没有影响，而高浓度洗煤废水的 pH 值一般在 7.0 左右，因此，氯化钙溶液中的 Ca^{2+} 在洗煤废水中的存在形式主要是以 Ca^{2+}（或与水分子生成六水络合物 $[Ca(H_2O)_6]^{2+}$）的形式存在。投加氯化钙溶液除增加 Ca^{2+} 外，还增加了 Cl^-，但 Cl^- 在混凝中不起作用，因此，投加氯化钙溶液处理洗煤废水，其作用机理主要是 Ca^{2+} 作用。主要包括以下几点。

① 游离 Ca^{2+} 以静电作用吸附压缩双电层；

② Ca^{2+} 与水分子生成的六水络合物破坏了双电层结构；

③ Ca^{2+} 与一些无机离子和有机杂质反应生成难溶沉淀物。

7.2.2　PAM 的作用

PAM 的絮凝作用和沉降煤泥的网捕作用与投加石灰法是相同的。

从前面的实验结果看，投加氯化钙的清水分离率和出水水质要好于投加石灰和电石渣，而沉淀煤泥的脱水性能却不如投加石灰和电石渣。分析认为主要有以下几个原因。

① 氯化钙是溶解性物质，在水溶液中几乎全都电离成 Ca^{2+} 和

Cl^-，而从前面的作用机理分析来看，含钙混凝剂对高浓度洗煤废水的混凝作用中，Ca^{2+} 的作用是最主要的，而石灰和电石渣均是悬浊液，能够起压缩双电层作用或破坏双电层结构的 Ca^{2+} 的量相对较少，因此，处理效果要好一些。

② 洗煤废水中投加氯化钙溶液后，pH 值变化不大，基本维持在 7.0 左右，而在中性的 pH 值下，PAM 的絮凝效果好，因此，清水分离率和出水水质要好一些。

③ 投加氯化钙溶液，$Ca(OH)_2$ 的量基本没有增加，投药后洗煤废水中的 $Ca(OH)_2$ 的量很少，$Ca(OH)_2$ 与 SiO_2 反应生成硅酸钙石的量也很少，因此，沉淀煤泥的脱水性能也就相对差一些。

7.3　钙镁复合药剂与 PAM 联用处理高浓度洗煤废水的作用机理分析

7.3.1　Ca^{2+}、Mg^{2+} 的作用

钙镁复合药剂的主要成分是 Ca^{2+}、Mg^{2+}、SO_4^{2-} 和 Cl^-，与投加氯化钙溶液相比增加了 Mg^{2+} 和 SO_4^{2-}。由于钙和镁同族，因此，钙镁复合药剂的作用机理与投加氯化钙溶液的作用机理基本相同。

向高浓度洗煤废水中投加钙镁复合药剂溶液，对洗煤废水的 pH 值基本没有影响，而高浓度洗煤废水的 pH 值一般在 7.0 左右，因此，钙镁复合药剂溶液中的 Ca^{2+} 和 Mg^{2+} 在洗煤废水中的存在形式主要是以 Ca^{2+}（或与水分子生成六水络合物 $[Ca^{2+}(H_2O)_6]^{2+}$）和 Mg^{2+} 的形式存在。投加钙镁复合药剂溶液除增加 Ca^{2+} 和 Mg^{2+} 外，还增加了 Cl^- 和 SO_4^{2-}，但 Cl^- 和 SO_4^{2-} 在混凝中不起作用，因此，投加钙镁复合药剂处理洗煤废水，Ca^{2+} 和 Mg^{2+} 的作用机理与 7.1.2 中所分析的 Ca^{2+} 作用机理类似，主要包括以下几点。

① Ca^{2+}、Mg^{2+} 压缩双电层，降低煤泥颗粒的 ζ 电位，使煤泥颗粒发生凝聚。

② Ca^{2+}、Mg^{2+} 都能与水分子生成的六水络合物破坏煤泥胶体颗粒的双电层结构，使煤煤泥颗粒表面疏水性增强，混凝效果显著改善。

③ Ca^{2+}、Mg^{2+} 与一些无机离子和有机杂质反应生成难溶沉淀物。

7.3.2 PAM 的作用

PAM 的絮凝作用和沉降煤泥的网捕作用与投加石灰法是相同的。

投加钙镁复合药剂处理洗煤废水的效果与投加氯化钙的处理效果相类似，清水分离率和出水水质要好于投加石灰和电石渣，而沉淀煤泥的脱水性能却不如投加石灰和电石渣。分析认为主要有以下几个原因。

① 钙镁复合药剂是溶解性物质，在水溶液中几乎全都电离成 Ca^{2+}、Mg^{2+} 和 Cl^-、SO_4^{2-}，而从前面的作用机理分析来看，钙镁复合药剂对高浓度洗煤废水的混凝作用中，Ca^{2+}、Mg^{2+} 的作用是最主要的。而钙镁复合药剂虽然减少了氯化钙的含量，也就是减少了 Ca^{2+} 的含量，但却增加了与 Ca^{2+} 性质类似的 Mg^{2+} 含量，因此，阳离子压缩双电层作用或破坏双电层结构作用并没有减弱，因此，处理效果要好一些。

② 洗煤废水中投加钙镁复合药剂溶液后，pH 值变化不大，基本维持在 7.0 左右，而在中性的 pH 值下，PAM 的絮凝效果好，因此，清水分离率和出水水质要好一些。

③ 投加钙镁复合药剂溶液，$Ca(OH)_2$ 的量大约减少了 50%，$Ca(OH)_2$ 与 SiO_2 反应生成硅酸钙石的量也减少 50%，因此，沉淀煤泥的脱水性能也就相对差一些。

7.4 铝系和铁系混凝剂对高浓度洗煤废水混凝效果不理想的原因分析

7.4.1　不同混凝剂处理高浓度洗煤废水效果的对比

石灰、氯化钙、钙镁复合药剂、$FeCl_3$ 和 $Al_2(SO_4)_3$ 五种混凝剂处理高浓度洗煤废水的沉淀对比试验结果见表 7-5，上清液中的水质指标见表 7-6。

■ 表 7-5　五种混凝剂处理高浓度洗煤废水的沉淀对比试验结果

石灰		氯化钙		钙镁复合药剂		$FeCl_3$		$Al_2(SO_4)_3$	
沉降时间/min	絮体高度/mm	沉降时间/min	絮体高度/mm	沉降时间/min	絮体高度/mm	沉降时间/min	絮体高度/mm	沉降时间/min	絮体高度/mm
0	105	0	105	0	105	0	105	0	105
10	102	10	100	10	101	10	103	10	103
30	99	30	95	30	96	30	100	30	101
50	96	50	92	50	93	50	98	50	99
100	91	100	86	100	88	100	93	100	95
150	87	150	83	150	85	150	90	150	92
200	84	200	79	200	80	200	87	200	89
300	81	300	76	300	78	300	84	300	87
480	79	480	74	480	76	480	82	480	85

■ 表 7-6　上清液中的水质指标

混凝剂种类	清水分离率/%	SS/(mg/L)	COD/(mg/L)
石灰	21	356	224
氯化钙	26	312	198
钙镁复合药剂	24	320	209
$FeCl_3$	18	—	—
$Al_2(SO_4)_3$	15	—	—

135

从上述的实验结果和实验中观察到现象可以看出，石灰、氯化钙和钙镁复合药剂三种含钙混凝剂对高浓度洗煤废水的混凝沉淀效果较好，不仅泥水分层明显，而且上清液混浊度较低。$FeCl_3$ 和 $Al_2(SO_4)_3$ 对高浓度洗煤废水的混凝沉淀效果不理想，不仅分离出的上清液较少，而且分离出来的水浑浊，明显不符合要求。

7.4.2 影响铝系和铁系混凝剂处理效果的原因分析

铝系和铁系混凝剂对高浓度洗煤废水的混凝沉淀效果不理想的原因主要有以下几个方面。

① 高浓度洗煤废水的 pH 值一般在 7.0～7.5 的范围内，而在 pH 值大于 8 的条件下，铝系和铁系混凝剂的水解产物多以负离子形态和沉淀物形式存在，产生的带有正电荷的物质较少，因而压缩双电层的作用减弱。

以 $Al_2(SO_4)_3$ 为例，各种水解产物的相对含量与水的 pH 值和 $Al_2(SO_4)_3$ 投加量有关，图 7-4 为不同浓度下，pH 值与铝离子水解产物相对含量的关系。

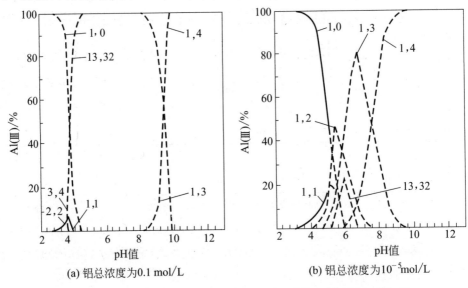

(a) 铝总浓度为0.1 mol/L   (b) 铝总浓度为10^{-5}mol/L

图 7-4　铝离子水解产物 $[Al_x(OH)_y]^{(3x-y)+}$ 的相对含量

（曲线旁数字分别表示 x 和 y）

从图中可以看出，当 pH<3 时，水中的铝以 $[Al(H_2O)_6]^{3+}$ 形态存在，即不发生水解反应。随着 pH 值的提高，羟基配合物及聚合物相继产生，但各种组分的相对含量与总的铝盐浓度有关。例如，当 pH=5 时，在铝的总浓度为 0.1mol/L [见图 7-4 (a)] 时，$[Al_{13}(OH)_{32}]^{7+}$ 为主要产物，而在铝总浓度为 10^{-5}mol/L 时 [见图 7-4 (b)]，主要产物为 Al^{3+} 及 $[Al(OH)_2]^+$ 等。当 pH 值在 6.5~7.5 的中性范围内，水解产物将以 $Al(OH)_3$ 沉淀物为主。在碱性条件下 (pH>7.5)，水解产物将以负离子形态 $[Al(OH)_4]^-$ 出现。由于高浓度洗煤废水的 pH 值在 7.0 以上，因此，投加 $Al_2(SO_4)_3$ 产生的水解产物主要是 $Al(OH)_3$ 沉淀物和负离子形态的 $[Al(OH)_4]^-$，而阳离子状态的水解产物较少。

铁系混凝剂也有相类似的现象，因此，对高浓度洗煤废水的混凝效果也不理想。

PFS 和 PAC 对 pH 值变化的适应性要强于 $Al_2(SO_4)_3$ 和 $FeCl_3$，因此，对高浓度洗煤废水的混凝效果好于 $Al_2(SO_4)_3$ 和 $FeCl_3$。但在碱性条件下，阳离子状态的水解产物含量也是较少的。例如，PAC 在 pH>7.0 时，水解产物主要呈 $[Al(OH)_4]^-$ 和 $[Al_8(OH)_{26}]^{2-}$ 形态，因此，混凝沉淀时很难分离出浊度低的清水。

② 煤泥颗粒中 Al_2O_3 的含量较高，占 17% 以上，Fe_2O_3 和 FeO 的含量也达到 7%，这些成分的存在，使得洗煤废水中的胶体粒子吸附一定量的铝和铁，形成如 $\{[Al(OH)_3]_m \cdot nAlO_2^-,(n-x)H^+\}^{x-}$ 形式的胶体颗粒。因此，加入铝系和铁系混凝剂以后，混凝效果不明显。

③ 投加铁盐和铝盐时，由于洗煤废水中的黏土颗粒对 Fe^{3+} 和 Al^{3+} 等具有强烈的吸附和交换能力，产生颗粒的阳离子取代，从而与铝盐和铁盐产生同离子相斥，不能起到有效的混凝作用。

④ 洗煤废水中含有可溶性有机物和腐殖质酸类，这些化合物很容易与常用的铁盐、铝盐混凝剂形成配合物，使之减弱或失去凝聚作用。

7.5 加药顺序对混凝效果影响的理论分析

实验结果表明，采用石灰-PAM法和电石渣-PAM法处理高浓度洗煤废水时，加药顺序对处理效果有一定的影响，先投加PAM后投加石灰（或电石渣）悬浊液的效果要好于先投加石灰（或电石渣）悬浊液后投加PAM，不仅沉速快，而且清水分离率也高。而采用氯化钙-PAM法和钙镁复合药剂-PAM法处理高浓度洗煤废水时，加药顺序对处理效果基本没有影响。关于加药顺序对处理效果影响的原因，通过分析认为可能主要有以下几个方面。

7.5.1 投加石灰或电石渣后pH值的提高影响PAM的絮凝性能

一般来说，PAM在pH值很宽的范围内效能都很高，但随着pH值的变化，PAM的作用也发生很大变化。据文献报道，当pH值在4.0~6.5范围内，投加PAM后，煤泥的沉降速度最大，超过这个范围，特别是在碱性较强的介质中，煤泥在PAM作用下的沉降速度急剧下降，如图7-5所示。

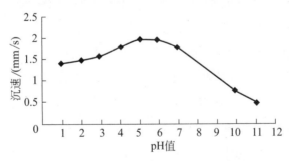

图 7-5　沉速与 pH 值的关系

采用先投加石灰悬浊液或电石渣悬浊液，后投加PAM这种加药顺序处理高浓度洗煤废水时，当石灰悬浊液加入后，洗煤废水的pH值由8左右上升到11以上，在这种条件下再投加PAM，显然絮凝效果不好。如果先投加PAM，由于洗煤废水的pH值未发生变化，所以PAM的絮凝效果得到了充分的发挥，这时再投加石灰悬浊液或电石渣悬浊液对 PAM 的影响就小了。另外，采用氯化钙-PAM 法和钙镁复合药剂-PAM 法处理高浓度洗煤废水的实验结果表明，无论是先投加氯化钙或钙镁复合药剂，还是先投加 PAM，洗煤废水的 pH 值基本维持在 8 左右（原水 pH 值），沉速等指标也没有大的变化，这也充分说明了这一点。

7.5.2 投加石灰或电石渣后 pH 值的提高使胶体粒子增多

从干煤泥的矿物组成来看，SiO_2 和 Al_2O_3 的含量分别为 42% 和 17%，而正是由于这两种物质含量较高，才导致煤泥表面颗粒带负电而使高浓度洗煤废水呈稳定的胶体体系。所形成的胶粒结构分别为：$\{[SiO_2]_m \cdot nSiO_3^{2-}, 2(n-x) H^+\}^{2x-}$ 和 $\{[Al(OH)_3]_m \cdot nAlO_2^-, (n-x) H^+\}^{x-}$。

在高浓度洗煤废水中，存在下列反应：

$$SiO_2 + H_2O \rightleftharpoons H_2SiO_3 \qquad (7\text{-}8)$$

$$H_2SiO_3 \rightleftharpoons SiO_3^{2-} + 2H^+ \qquad (7\text{-}9)$$

从上述反应可以看出，当 pH 值增大时，由 H_2SiO_3 离解出的 SiO_3^{2-} 就多，从而使得带负电荷的煤泥颗粒更加稳定。

同样道理，对于 Al_2O_3 存在下列反应：

$$Al_2O_3 + 3H_2O \rightleftharpoons 2Al(OH)_3 \qquad (7\text{-}10)$$

$$Al(OH)_3 \rightleftharpoons AlO_2^- + H^+ + H_2O \qquad (7\text{-}11)$$

当 pH 值增大时，由 $Al(OH)_3$ 离解出的 AlO_2^- 就多，同样也会增加带负电荷煤泥颗粒的稳定性。

如果后投加石灰悬浊液或电石渣悬浊液，就可避免上述现象出现，从而减轻 PAM 的负荷。

第8章

≪≪≪

常用的设备及工程实例

8.1 常用的设备

8.1.1 混凝剂的投加方式与装置

混凝剂投加设备包括计量设备、药液提升设备、投药箱、必要的水封箱以及注入设备等。根据不同投药方式或投药量控制系统，所用设备也有所不同。

（1）计量设备

药液投入原水中必须有计量或定量设备，并能随时调节。计量设备多种多样，应根据具体情况选用。计量设备有：转子流量计、电磁流量计、苗嘴、计量泵等。采用苗嘴计量仅适用人工控制，其他计量设备既可人工控制，也可自动控制。

（2）投加方式

① 泵前投加。药液投加在水泵吸水管或吸水喇叭口处（见图 8-1）。这种投加方式安全可靠，一般适用于取水泵房距水厂较近者。图 8-1 中水封箱是为防止空气进入而设的。

② 高位溶液池重力投加。当取水泵房距水厂较远时，应建造高

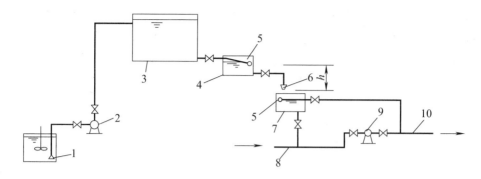

图 8-1 泵前投加

1—溶解池；2—提升泵；3—溶液池；4—恒位箱；5—浮球阀；6—投药苗嘴；

7—水封箱；8—吸水管；9—水泵；10—压水管

架溶液池利用重力将药液投入水泵压水管上（见图 8-2），或者投加在混合池入口处。这种投加方式安全可靠，但溶液池位置较高。

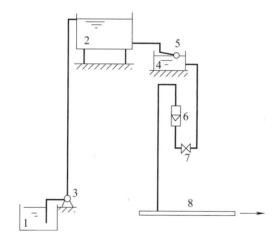

图 8-2 高位溶液池重力投加

1—溶解池；2—溶液池；3—提升泵；4—水封箱；5—浮球阀；

6—流量计；7—调节阀；8—压水管

③ 水射器投加。利用高压水通过水射器喷嘴和喉管之间真空抽吸作用将药液吸入，同时随水的余压注入原水管中（见图 8-3）。这种投加方式设备简单，使用方便，溶液池高度不受太大限制，但水射器效率较低，且易磨损。

④ 泵投加。泵投加有两种方式，一种是采用计量泵（柱塞泵或隔

膜泵）；另一种是采用离心泵配上流量计。采用计量泵不必另备计量设备，泵上有计量标志，可通过改变计量泵行程或变频调速改变药液投量，最适合用于混凝剂自动控制系统。图 8-4 为计量泵投加示意。

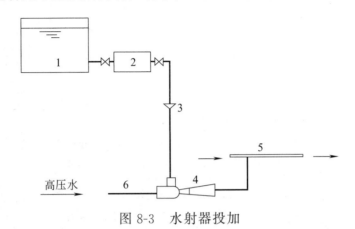

图 8-3　水射器投加

1—溶液池；2—投药箱；3—漏斗；4—水射器；5—压水管；6—高压水管

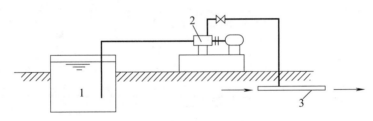

图 8-4　计量泵投加

1—溶液池；2—计量泵；3—压水管

8.1.2　混合装置

废水与混凝剂和助凝剂进行充分混合是进行反应和混凝沉淀的前提。混合要求搅拌速度快，混合迅速。常用的有四种混合方式：水泵混合、管式混合、机械混合和隔板混合槽混合。

（1）水泵混合

水泵混合是我国常用的混合方式。药剂投加在取水泵吸水管或吸水喇叭口处，利用水泵叶轮高速旋转以达到快速混合的目的。

水泵混合效果好，无须另建混合设施，节省动力。但当采用三氯化铁作为混凝剂时,若投量较大,药剂对水泵叶轮可能有轻微腐蚀作用。当水泵距水处理构筑物较远时,不宜采用水泵混合,因为经水泵混合后的原水在长距离管道输送过程中,可能过早地在管中形成絮凝体。已形成的絮凝体在管道中一经破碎,往往难于重新聚集,不利于后续絮凝,且当管中流速低时,絮凝体还可能沉积管中。因此,水泵混合通常用于水泵靠近水处理构筑物的场合,两者间距不宜大于150m。

(2) 管式混合

最简单的管式混合即将药剂直接投入水泵压水管中,借助管中流速进行混合。管中流速不宜小于1m/s,投药点后的管内水头损失不小于0.3~0.4m。投药点至末端出口距离以不小于50倍管道直径为宜。为提高混合效果,可在管道内增设孔板或文丘里管,孔板混合器见图8-5。这种管道混合简单易行,无须另建混合设备,但混合效果不稳定,管中流速低时,混合不充分。

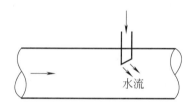

图 8-5 孔板混合器

目前广泛使用的管式混合器是管式静态混合器。混合器内按要求安装若干固定混合单元。每一混合单元由若干固定叶片按一定角度交叉组成。水流和药剂通过混合器时,将被单元体多次分割、改向并形成涡旋,达到混合目的。这种混合器构造简单,无活动部件,安装方便,混合快速而均匀。目前,我国已生产多种形式管式静态混合器,图8-6为其中一种。

管式静态混合器的口径与输水管道相配合,目前最大口径已达2000mm。这种混合器水头损失稍大,但混合效果好。缺点是当流量过小时混合效果下降。

另一种管式混合器是扩散混合器,是在管式孔板混合器前加装一个锥形帽,其结构如图8-7所示。

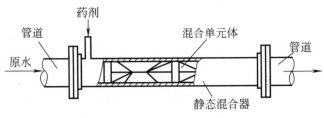

图 8-6　管式静态混合器

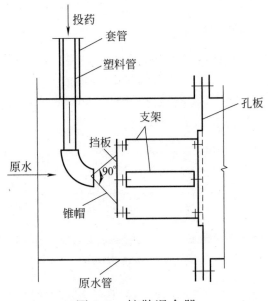

图 8-7　扩散混合器

水流和药剂对冲锥形帽后扩散形成剧烈紊流，使药剂和水达到快速混合。孔板流速一般采用 1.0～1.5m/s，混合时间 2～3s。混合器直径在 $DN200～DN1200$ 范围内，每节长度不小于 500mm。水流通过混合器产生的水头损失 0.3～0.4m。

（3）机械混合

机械混合是在混合池内安装搅拌装置，用电动机驱动搅拌器使水和药剂混合，机械混合池结构形式见图 8-8。机械混合池内的搅拌器有桨板式、螺旋式和透平式。机械混合特别适用于多种药剂处理废水的情况，混合效果比较好。

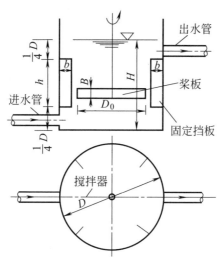

图 8-8　机械混合池

（4）隔板混合槽混合

① 分流隔板式混合槽。其结构如图 8-9 所示。槽为钢筋混凝土或钢制，槽内设隔板，药剂于隔板前投入，水在隔板通道间流动过程中与药剂达到充分的混合。混合效果比较好，但占地面积大，压头损失也大。

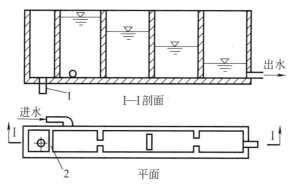

图 8-9　分流隔板式混合槽

1—溢流管；2—溢流堰

② 多孔隔板式混合槽。其结构如图 8-10 所示，槽为钢筋混凝土或钢制，槽内设若干穿孔隔板，水流经小孔时作旋流运动，保证迅速、充分地得到混合。当流量变化时，可调整淹没孔口数目，以适应

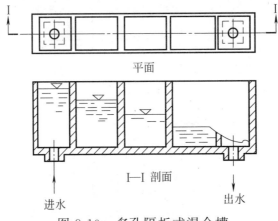

平面

I—I 剖面

进水　　　　　　　　　出水

图 8-10　多孔隔板式混合槽

流量变化。缺点是压头损失较大。

8.1.3　反应装置

　　水与药剂混合后进入反应池进行反应。反应池内水流特点是变速由大到小，在较大的反应流速时，水中的胶体颗粒发生碰撞吸附；在较小的反应流速时，碰撞吸附后的颗粒结成更大的絮凝体（矾花）。

　　反应池的形式有隔板反应池、机械絮凝池、涡流式反应池等。

　　（1）隔板反应池

　　隔板反应池有平流式、竖流式和回转式三种。

　　① 平流式隔板反应池。其结构如图 8-11 所示。多为矩形钢筋混凝土池子，池内设木质或水泥隔板，水流沿廊道回转流动，可形成很好的絮凝体。一般进口流速 0.5～0.6m/s，出口流速 0.15～0.2m/s，反应时间一般为 20～30min。其优点是反应效果好，构造简单，施工方便。但池容大，水头损失大。

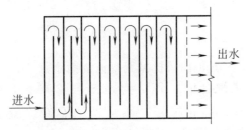

出水

进水

图 8-11　平流式隔板反应池

② 竖流式隔板反应池与平流式隔板反应池的原理相同。

③ 回转式隔板反应池。其结构如图 8-12 所示，是平流式隔板反应池的一种改进形式，常和平流式沉淀池合建。其优点是反应效果好，压头损失小。

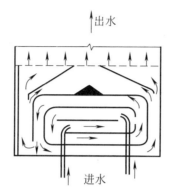

图 8-12　回转式隔板反应池

隔板反应池适用于处理水量大且水量变化小的情况。

（2）机械絮凝池

机械絮凝池是利用电机减速装置带动搅拌器对水流进行搅拌，使水中的颗粒相互碰撞，完成颗粒的絮凝过程。目前我国的机械絮凝搅拌多采用旋转的方式，搅拌器采用桨板式。搅拌轴可以水平安装，也可以垂直安装，机械絮凝池剖面示意见图 8-13。机械搅拌絮凝池一般采用多格串联，以适应搅拌梯度的变化，提高絮凝效果。

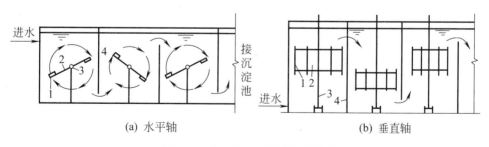

(a) 水平轴　　　　　　　　　(b) 垂直轴

图 8-13　机械絮凝池剖面示意

1—桨板；2—叶片；3—旋转轴；4—隔墙

（3）涡流式反应池

涡流式反应池的结构如图 8-14 所示。下半部为圆锥形，水从锥底

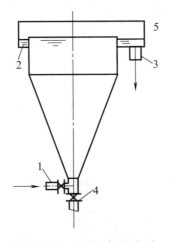

图 8-14　涡流式反应池

1—进水管；2—圆周集水槽；3—出水管；4—放水阀；5—格栅

部流入，形成涡流扩散后缓慢上升，随锥体截面积变大，反应液流速也由大变小。流速变化的结果，有利于絮凝体形成。涡流式反应池的优点是反应时间短，容积小，好布置，适用水量比隔板反应池小些。

8.1.4　沉淀装置

进行混凝沉淀处理的废水经过投药混合反应生成絮凝体后，要进入沉淀池使生成的絮凝体沉淀与水分离，最终达到净化的目的。

（1）平流式沉淀池

平流式沉淀池平面呈矩形，一般由进水装置、出水装置、沉淀区、缓冲区、污泥区及排泥装置等构成。废水从池子的一端流入，按水平方向在池内流动，从另一端溢出，在进口处的底部设贮泥斗。排泥方式有机械排泥和多斗排泥两种，机械排泥多采用链带式刮泥机和桥式刮泥机。图 8-15 所示是使用比较广泛的桥式刮泥机平流式沉淀池。

流入装置是横向潜孔，潜孔均匀地分布在整个宽度上，在潜孔前设挡板，其作用是消能，使废水均匀分布。挡板高出水面 0.15～0.2m，伸入水下的深度不小于 0.2m。也有潜孔横放的流入装置，如图 8-16 所示。

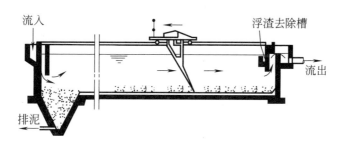

图 8-15　桥式刮泥机平流式沉淀池

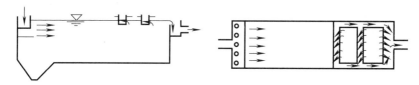

图 8-16　平流式沉淀池流入与出水形式

　　流出装置多采用自由堰型式，堰前也设挡板，以阻拦浮渣，或设浮渣收集和排除装置。出流堰是沉淀池的重要部件，它不仅控制沉淀池内水面的高程，而且对沉淀池内水流的均匀分布有着直接影响。单位长度堰口的溢流量必须相等。此外，在堰的下游还应有一定的自由落差，因此对堰的施工必须是精心的，尽量做到平直，少产生误差。有时为了增加堰口长度，在池中间部增设集水槽（见图 8-16）。

　　目前多采用如图 8-17 所示的锯齿形溢流堰，这种溢流堰易于加工，也比较容易保证出水均匀。水面应位于齿高度的 1/2 处。

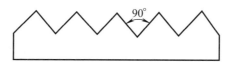

图 8-17　锯齿形溢流堰

　　及时排除沉于池底的污泥是使沉淀池工作正常，保证出水水质的一项重要措施。由于可沉悬浮颗粒多沉淀于沉淀池的前部，因此，在池的前部设贮泥斗，其中的污泥通过排泥管借 1.5～2.0m 的静水压力排出池外，池底坡度一般为 0.01～0.02。

　　图 8-18 所示是采用比较广泛的设有链带式刮泥机的平流式沉淀池。在池底部，链带缓缓地沿与水流相反的方向滑动，刮板嵌于链带

上，在滑动中将池底沉泥推入贮泥斗中，而在其移到水面时，又将浮渣推到出口，从那里集中清除。这种设备的主要缺点是各种机件都在水下，易于腐蚀，难于维护。

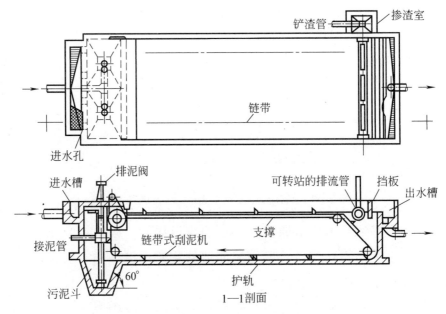

图 8-18　设有链带式刮泥机的平流式沉淀池

图 8-19 所示为多斗平流式沉淀池，这种平流式沉淀池不用机械刮泥设备，每个贮泥斗单独设排泥管，各自独立排泥，能够互不干扰，保证沉淀浓度。

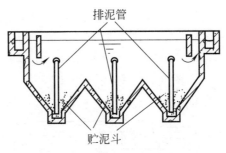

图 8-19　多式平流式沉淀池

平流式沉淀池沉淀效果好，对冲击负荷和温度变化适应性强，而且平面布置紧凑，施工方便。但配水不易均匀，采用机械排泥时设备易腐蚀。若采用多斗排泥时，排泥不易均匀，操作工作量大。

（2）辐流式沉淀池

辐流式沉淀池一般为圆形，也有正方形的。圆形辐流式沉淀池的直径一般介于 20～30m 之间，但变化幅度可为 6～60m，最大甚至可达 100m，池中心深度为 2.5～5.0m，池周浓度则为 1.5～3.0m。按进出水的形式辐流式沉淀池可分为中心进水周边出水、周边进水中心出水和周边进水周边出水三种类型。中心进水周边出水辐流式沉淀池应用最为广泛。

图 8-20 所示为中心进水周边出水辐流式沉淀池。主要由进水管、出水管、沉淀区、污泥区及排泥装置组成。在池中心处设中心管，废水从池底的进水管进入中心管，在中心管的周围常用穿孔障板围成流入区，使废水在沉淀池内得上均匀流动。流出区设于池周，由于平口堰不容易做到严格水平，所以采用三角堰或淹没式溢流孔。为了拦截表面上的漂浮物质，在出流堰前设挡板和浮渣的收集、排出设备。

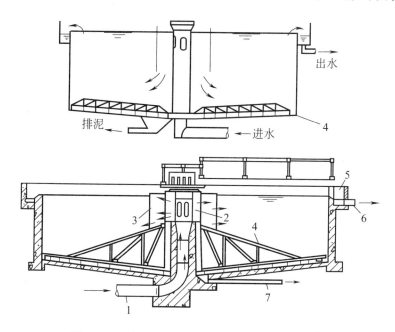

图 8-20 中心进水周边出水辐流式沉淀池

1—进水管；2—中心管；3—穿孔挡板；4—刮泥机；5—出水槽；

6—出水管；7—排泥管

辐流式沉淀池废水从池中心处流出，沿半径的方向向池周流动，因此，其水力特征是废水的流速由大向小变化。

辐流式沉淀池一般均采用机械刮泥，刮泥板固定在桁架上，桁架绕池中心缓慢旋转，把沉淀污泥推入池中心处的污泥斗中，然后借静水压力排出池外，也可以用污泥泵排泥。当池子直径小于20m时，一般采用中心传动的刮泥机，当池子直径大于20m时，一般采用周边传动的刮泥机。刮泥机旋转速度一般为1~3r/h，外周刮泥板的线速度不超过3m/min，一般采用1.5m/min。池底坡度一般采用0.05~0.10，中央污泥斗的斜壁与水平面的倾角，方斗不宜小于60°，圆斗不宜小于55°。二次沉淀池的污泥多采用吸泥机排出。

辐流式沉淀池的优点是：①用于大型选煤厂，沉淀池个数较少，比较经济，便于管理；②机械排泥设备已定型，排泥较方便。

辐流式沉淀池的缺点是：①池内水流不稳定，沉淀效果相对较差；②排泥设备比较复杂，对运行管理要求较高；③池体较大，对施工质量要求较高。

近几年在实际工程中也有采用周边进水中心出水辐流式沉淀池（见图8-21）或周边进水周边出水辐流式沉淀池（见图8-22）。一般的辐流式沉淀池，废水是从中心进入而在池四周出流，进口处流速很大，呈紊流现象，这时原废水中悬浮物质浓度也高，紊流状态阻碍了下沉，影响沉淀池的分离效果。而周边进水辐流式沉淀池与此恰恰相反，原废水从池周流入，澄清水则从池中心流出，在一定程度能够克服上述缺点。

周边进水辐流式沉淀池原废水流入位于池周的进水槽中，在进水槽底留有进水孔，原废水再通过进水孔均匀地进入池内，在进水孔的下侧设有进水挡板，深入水面下约2/3处，这样有助于均匀配水。而且原废水进入沉淀区的流速要小得多，有利于悬浮颗粒的沉淀，能够提高沉淀率。这种沉淀池的处理能力比一般辐流式沉淀池高。

（3）竖流式沉淀池

竖流式沉淀池的表面多呈圆形，也有采用方形和多角形的。直径

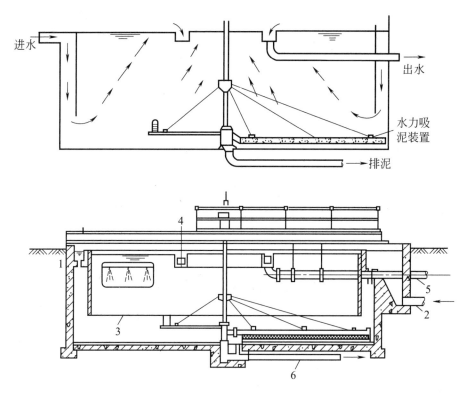

图 8-21　周边进水中心出水辐流式沉淀池

1—进水槽；2—进水管；3—挡板；4—出水槽；5—出水管；6—排泥管

或边长一般在 8m 以下，多介于 4～7m 之间。沉淀池上部呈圆柱状的部分为沉淀区，下部呈截头圆锥状的部分为污泥区，在两区之间留有缓冲层 0.3m，竖流式沉淀池构造简图见图 8-23。

废水从中心管流入，由下部流出，通过反射板的阻拦向四周分布，然后沿沉淀区的整个断面上升，沉淀后的出水由池四周溢出。流出区设于池周，采用自由堰或三角堰。如果池子的直径大于 7m，一般要考虑设辐射式汇水槽。

贮泥斗倾角为 45°～60°，污泥借静水压力由排泥管排出，排泥管直径不小于 200mm，静水压力为 1.5～2.0m。为了防止漂浮物外溢，在水面距池壁 0.4～0.5m 处安装挡板，挡板伸入水中部分的深度为 0.25～0.3m，伸出水面高度为 0.1～0.2m。

竖流式沉淀池的优点是：排泥容易，不需要机械刮泥设备，便于

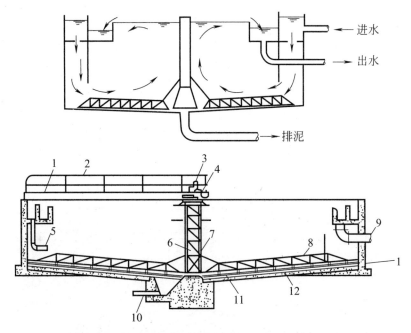

图 8-22　周边进水周边出水辐流式沉淀池

1—过桥；2—栏杆；3—传动装置；4—转盘；5—进水下降管；6—中心支架；

7—传动器罩；8—桁架式耙架；9—出水管；10—排泥管；

11—刮泥板；12—可调节的橡皮刮板

管理。其缺点是：池深大，施工难，造价高；每个池子的容量小，废水量大时不适用；水流分布不易均匀等。

竖流式沉淀池的工作原理与前两种沉淀池有所不同，废水以速度 v 向上流动，悬浮颗粒也以同一速度上升，在重力作用下，颗粒又以速度 u 下沉。颗粒的沉速为其本身沉速与水流上升速度之和。$v>u$ 的颗粒能够沉于池底而被去除，$v=u$ 的颗粒被截留在池内呈悬浮状态，$v<u$ 的颗粒则不能下沉，随水溢出池外。

当属于第一类沉淀（自由沉淀）时，在负荷相同的条件下，竖流式沉淀池的去除率将低于其他类型的沉淀池。如果属于第二类沉淀（絮凝沉淀），则情况较为复杂，水流上升，颗粒下沉，颗粒互相碰撞、接触，促进颗粒的絮凝，使粒径变大，u 值也增大，同时又可能在池的深部形成悬浮层，其去除率很可能高于表面负荷相同的其他类型的沉淀池，但由于池内布水不易均匀，去除率的提高受到影响。竖

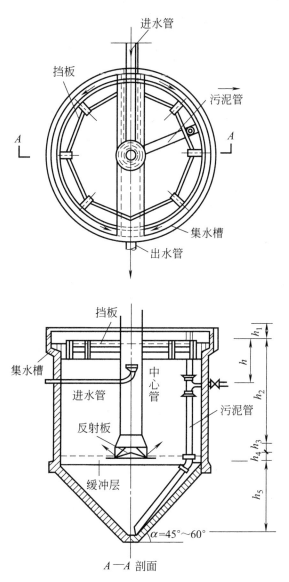

图 8-23　竖流式沉淀池构造简图

流式沉淀池废水上升速度可一般采用 0.5～1.0mm/s。沉淀时间小于 2h，多采用 1～1.5h。

废水在中心管内的流速对悬浮物质的去除有一定的影响。当在中心管底部设有反射板时，其流速一般大于 100mm/s。当不设反射板时，其流速不大于 30mm/s。废水从中心管喇叭口与反射板中溢出的流速不大于 40mm/s，反射板距中心管喇叭口的距离为 0.25~0.5m，反射板底距污泥表面的高度（即缓冲层）为 0.3m，反射板及中心管各部分尺寸关系见图 8-24。池的保护高度为 0.3~0.5m。

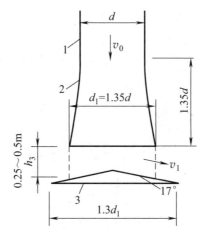

图 8-24　反射板与中心管各部分尺寸关系

1—中心管；2—喇叭口；3—反射板

8.2　工程实例

8.2.1　采用电石渣处理煤矿洗煤废水的工程实例

（1）工程概况

铁法矿务局某矿洗煤厂是 1969 年建成并投入使用的。经过 3 次扩改后的洗选能力为 140×10^4 t/年。每年要排放的煤泥水约 40×10^4 m^3。洗煤废水的水质如表 8-1 所示。

■ 表 8-1　洗煤废水的水质

SS/(mg/L)	COD/(mg/L)	pH 值	ξ 电位/V	污泥比阻 × 10^{13} /(m/kg)	小于 75μm 颗粒含量/%
70000~ 100000	25000~ 43000	8. 14~ 8. 46	− 0. 069~ − 0. 073	3. 47~ 3. 63	62~65

从表 8-1 看出，洗煤废水呈弱碱性，悬浮物浓度和 COD 浓度很高，颗粒表面带有较强的负电荷，细小颗粒含量大，且过滤性能不好。

（2）洗煤废水处理系统及设备

依据试验研究提出的治理方案和设计参数，并结合现场的具体情况，对该矿洗煤废水的治理工程进行改造设计。改造后的处理工艺流程如图 8-24 所示，主要构筑物及设备见表 8-2。

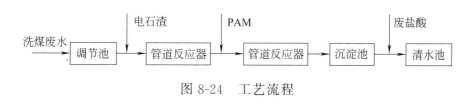

图 8-24　工艺流程

① 调节池利用原有的洗煤废水贮存池，体积约 150m³，废水停留时间 2h。

② 根据现场的场地情况，投药后的混合反应采用管道混合反应器。根据试验及计算结果，投加电石渣后的第 1 个管道反应器采用 FD-200-2000，即直径为 200mm，长度为 2m。投加 PAM 后的第 2 个管道反应器采用 FD-250-2000，即直径为 250mm，长度为 2m。采用管道反应器不仅节省占地面积，而且节省投资。

③ 该矿洗煤厂原来有 6 座大型的沉淀池，在进行工程改造设计时，根据企业的要求暂时保留了这 6 座沉淀池，而没有新建沉淀池。由于原来 6 座沉淀池底部没有排泥设备，煤泥是靠自然干化，然后人工清挖，所以，本工程的煤泥处理暂时没有采用机械脱水设备，仍然保留自然干化，人工清挖的方法。

④ 处理后的废水直接排入洗煤用水的贮水池，用于洗煤，没有新建清水池。

（3）运行效果

改矿洗煤废水处理系统自正式投入生产以来，处理效果一直比较稳定，出水的各项指标均达到了排放标准，而且处理水全部回用

■ 表 8-2　主要构筑物及设备

序号	名称	规格	数量	备注
1	洗煤废水水池	150m³	1	已有
2	微电脑流量计	RML-160	1	
3	污泥泵			已有
4	管道反应器	FD-200-2000	1	
5	管道反应器	FD-250-2000	1	
6	沉淀池	100000mm × 30000mm × 2000mm	6	已有
7	清水池		1	已有
8	清水泵	IS80-50-315		
9	搅拌机	$n = 250r/min, N = 3.0kW$	2	
10	电石渣加药罐	$\Phi = 3200mm, h = 4000mm$	2	防腐
11	耐酸泵	$25F \cdot S\text{-}16, N = 1.5kW$	1	
12	泥浆泵	$2PN, N = 11.0kW$	2	
13	搅拌机	$n = 130r/min, N = 3.0kW$	2	
14	PAM加药罐	$\Phi = 2400mm, h = 3000mm$	2	防腐
15	流量计	LZB-400-4000	2	
16	清水泵	IS50-32-125	2	
17	储酸罐	$V = 5m^3$		防腐
18	流量计	LZB-F40-400	1	

于洗煤，实现了洗煤废水的闭路循环。处理效果详见表 8-3。实践证明采用电石渣-PAM混凝沉淀工艺处理年轻煤种的洗煤废水是可行的。

（4）经济效益分析

本工程总投资 96.28 万元，其中土建工程费 27.58 万元，设备费 48.45 万元，设计及其他费用 20 万元。

① 药剂费。电石渣为工业废渣，按 100 元/t 计，即 0.10 元/kg。投药量按 4.0kg/m³ 计算，处理 1m³ 污水电石渣的费用为 0.4 元。

■ 表 8-3 洗煤废水处理效果

进 水			出 水		
SS/(mg/L)	COD/(mg/L)	pH 值	SS/(mg/L)	COD/(mg/L)	pH 值
80578	32009	8.18	57	35	7.62
108122	37549	8.28	79	52	7.97
65337	26587	8.32	49	28	8.04
77569	29564	8.41	60	34	8.10
89014	35967	8.25	64	49	7.88
76912	31332	8.31	55	41	8.19

非离子型 PAM（分子量 500 万）的市售价格大约 10000 元/t，即 10 元/kg。投药量按 $40g/m^3$ 计算，处理 $1m^3$ 污水 PAM 的费用为 0.40 元。

处理后的水需要用废盐酸将 pH 值调节到中性。工业废酸按 400 元/t 计，即 0.4 元/L。加酸量按 $0.5L/m^3$ 计算，处理 $1m^3$ 污水工业废酸的费用为 0.2 元。

处理 $1m^3$ 污水的药剂费为 1.0 元。

② 厂房折旧费。$27.58 \div 40 \div 39 = 0.011$ 元/m^3

③ 设备折旧费。$48.45 \div 20 \div 39 = 0.062$ 元/m^3

④ 人工费。按每人每月工资 2000 元计，定员 8 人，即

$$2000 \times 8 \times 12 \div 390000 = 0.615 \text{ 元}/m^3$$

⑤ 电费。本工程设备工作容量及照明安装容量为 32kW，当地电费按 0.50 元/度计，即 $0.50 \times 32 \div 65 = 0.246$ 元/m^3

⑥ 维修费。0.01 元/m^3

处理成本：1.944 元/m^3

每年运行成本：2.244 元/$m^3 \times 39 \times 10^4 m^3 = 87.516$ 万元

治理后的洗煤废水，清水循环用于洗煤，对周围水域不再造成污染，煤泥可出售，可以获得较好的环境效益和社会效益。

清水回用于洗煤，可节约水费：0.80 元/$m^3 \times (39 \times 10^4 m^3$/年 $\times$

40%）＝12.48万元/年

每年可多回收干煤泥 $2\times10^4 t$，干煤泥也可以创造经济效益。

8.2.2 采用二氯化钙处理煤矿洗煤废水的工程实例

（1）工程概况

某矿洗煤厂原采用石灰-PAM工艺处理洗煤废水，后采用氯化钙-PAM工艺处理洗煤废水。由于投加氯化钙成本较高，对设备和管道腐蚀也较严重，因此，该矿后改为投钙镁复配药剂。处理工艺流程见图8-25。该处理系统日处理能力 $1500 m^3$，洗煤废水的水质见表8-4，处理设备保持不变，仅更换药剂。主要构筑物及设备见表8-5。

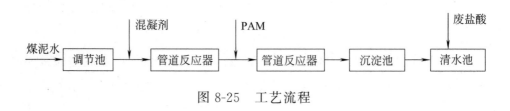

图 8-25　工艺流程

■ 表8-4　洗煤废水的水质

SS/(mg/L)	COD/(mg/L)	pH 值	ξ 电位/V	污泥比阻×10^{13} /(m/kg)	小于 75 μm 颗粒含量/%
5600~ 7500	20345~ 27649	7.90~8.45	−0.051~ −0.063	2.40~3.18	56~60

（2）运行效果

运行效果表明，用钙镁复配药剂替代氯化钙与PAM联用处理洗煤废水，出水的各项指标均达到了排放标准和回用要求。由于投加镁复配药剂pH值变化较小，因此，处理后回用的水不用调节pH值。运行处理效果见表8-6。

（3）经济效益分析

① 药剂费。硫酸镁市售价格大约430元/t，氯化钙市售价格大约

■ 表 8-5　主要构筑物及设备

序号	名称	规格	数量	备注
1	煤泥水水池	130m³	1	
2	微电脑流量计	RML-150	1	
3	管道反应器	FD-200-2000	1	
4	管道反应器	FD-200-2500	1	
5	沉淀池	100000mm × 30000mm × 2000mm	6	
6	清水池	500m³	1	
7	搅拌机	$n=250r/min, N=3.0kW$	2	
8	加药罐	$\Phi=3000mm, h=4000mm$	2	
9	泥浆泵	2PN, $N=11.0kW$	2	
10	搅拌机	$n=130r/min, N=3.0kW$	2	
12	PAM 加药罐	$\Phi=2000mm, h=3000mm$	2	
13	流量计	LZB-400-4000	2	

■ 表 8-6　运行处理效果

进　　水			出　　水		
SS/(mg/L)	COD/(mg/L)	pH 值	SS/(mg/L)	COD/(mg/L)	pH 值
62457	21968	8.12	65	63	8.11
63847	22367	7.87	66	59	8.12
73658	26856	8.34	77	69	8.24
64693	22947	8.19	61	54	8.15
59132	21416	8.44	58	53	7.31
66148	24615	8.25	71	59	8.28

850 元/t。钙镁复配药剂（氯化钙/硫酸镁＝1∶1）的成本价格约为 640 元/t，即 0.64 元/kg。投药量按 1.6kg/m³ 计算，处理 1m³ 污水钙镁复配药剂的费用为 1.024 元。

非离子型 PAM（分子量 500 万）的市售价格大约 10000 元/t，即 10 元/kg。投药量按 40 g/m³ 计算，处理 1m³ 污水 PAM 的费用为 0.40 元。

处理 $1m^3$ 污水的药剂费为 1.424 元。

② 效益分析。治理后的洗煤废水，清水循环用于洗煤，对周围水域不再造成污染，煤泥可出售，可以获得较好的环境效益和社会效益。

清水回用于洗煤，可节约水费：0.80 元$/m^3$ × (1500 × 365 × 42%)＝183960 元/年

每年可多回收干煤泥 $2.2×10^4 t$，干煤泥也可以创造经济效益。

参 考 文 献

[1] 程宏志，常秀芳，顾欣.我国选煤厂煤泥水处理技术现状与发展方向.选煤技术，2003，(6)：55-57.

[2] 刘峰.近年选煤技术综合评述.选煤技术，2003，(6)：1-9.

[3] S Zhongjian, G Jiguang, Z Dianzeng. Development of coal preparation in China. Proceedings of XIV International Coal Preparation Congress. Sandton Convention Center, Johannesburg, South Africa：SACPS & SAIMM，2002：493-496.

[4] Douglas E, Walsh T. New Type of Dry Heavy Medium Gravity Separator. Institution of Mining and Metallurgy Transactions, 1996, (4)：28-31.

[5] Levy E K, eatl. Mechanical cleaning of coal in an air fluidized. Fouth Annal Pitsburgh Coal Confence Proceedings. Pitsburgh, USA, 1987.

[6] Luo Zhenfu, Zhao Yaomin, Chen Qingru. Separation characterics for fine coal of the magnetically fluidized bed. Fuel Processing Technology, 2002，79 (1)：63-69.

[7] Fan Maoming, Chen Qingru, Luo Zhenfu. Fine Coal (1~6mm) Separation in Magnetically Fluidized Bed. International Journal of Mineral Processing, 2001, 63. (4)：225-232.

[8] C Qingru, Y Yufen. Current status in the development of dry beneficiation technology of coal with air-dense medium fluidized bed in China. Proceedings of the X Ⅳ International Coal Preparation Congress. Sandton Convention Centre, Johannesburg, South Africa：SACPS & SAIMM，2002：429-432.

[9] Zhang Xinxi, Duan Chaohong, Yang Yufen. Thc Effect of Microwave and Ultrasonic Pre-Treatment And Other Factors on Triboelectrostatic Separahon Process Separatmn Science and Technology, First Intenational Symposium On Dry Coal Cleaning：China University of Minging and Technology Press, 2002：263-267.

[10] W Hong, X Hong, C Xiexian. Newly developed jigs in China. Proceed-

ings of the ⅪⅤ Interationnal Coal Preparation Congress. Sandton Convention Centre，Johannesburg，South Africa：SACPS & SAIMM，2002：253-257.

[11] 陶长林. 国外选煤动态分析. 选煤技术，1999，(3)：44-48.

[12] B Firth，M O'Brien. Interaction of size classification and cleaning approaches to the yield/ash/moisture content relationship for coal. Proceedings of the ⅪⅤ International Coal Preparation Congress. Sandton Convention Centre，Johannesburg，South Africa：SACPS & SAIMM，2002：193-197.

[13] N Lourens. The rejector. Proceedings of the ⅪⅤ International Coal Preparation Congress. Sandton Convention Centre，Johannesburg，South Africa：SACPS & SAIMM，2002：285-289.

[14] J Bosan. Recent development in classification cyclones. Proceedings of the ⅪⅤ International Coal Preparation Congress. Sandton Convention Centre，Johannesburg，South Africa：SACPS & SAIMM，2002：291-296.

[15] R Rong，T J Nappier-Mum. Development of improved dense medium and classifying cyclones. Proceedings of the ⅪⅤ International Coal Preparation Congress. Sandton Convention Centre，Johannesburg，South Africa：SACPS & SAIMM，2002：297-302.

[16] G J Dekorte，P Hand，A Forbes. Dense-medium benefication of fine coal revisted. Proceedings of the ⅪⅤ International Coal Preparation Congress. Sandton Convention Centre，Johannesburg，South Africa：SACPS & SAIMM，2002：297-302.

[17] Miller J D，Van Camp M C. Fine coal flotation in a centrifugal field with an air sparged hydrocyclone. Mining Engineering，1982：1575-1580.

[18] 孙建中，龙占元，王军等. 浮选药剂乳化站在选煤生产中的应用. 选煤技术，2002，(6)：28-29.

[19] R H Yoon，G H Luttrell，R Asmatulu. Extending the upper particle size limit for coal flotation. Proceedings of the ⅪⅤ International Coal Preparation Congress. Sandton Convention Centre，Johannesburg，

South Africa：SACPS ＆ SAIMM，2002：445-449.

[20] G Bhaskar Raji，S Prabhaker，P R Khangaonkar. Beneficiation of low grade ore by electron-column foltation technique. column flotation'88. Society of mining engineers，INC，litlleton，Colorado，1988：293-296.

[21] H Lief. Developent of PCI coal in south walker greek coal mine. Proceedings of the ⅩⅣ International Coal Preparation Congress. Sandton Convention Centre，Johannesburg，South Africa：SACPS ＆ SAIMM，2002：383-388.

[22] 刘炯天，周晓华，王永田等.浮选设备评述.选煤技术，2003，(6)：25-33.

[23] 程双武，郭崇涛，郭德等.煤用高效浮选促进剂的研究.选煤技术，2001，(5)：22-23.

[24] 杨宏丽，樊民强，王鹏等.捕收剂对煤泥反浮选效果的影响.选煤技术，2002，(5)：4-5.

[25] 郭德，张秀梅，吴大为等.脱泥浮选工艺的实践与认识.煤炭学报，2000，(2)：208-211.

[26] 罗道成，易平贵，陈安国等.提高细粒褐煤造粒浮选效果的试验研究.煤炭学报，2002，(4)：406-411.

[27] 夏畅斌，黄念东，何绪文.阳离子絮凝剂处理煤泥水的试验研究.湘潭矿业学院学报，1996，(5)：54-57.

[28] 郭玲香，胡明星，郭世全.新型阳离子聚合物治理煤泥水的应用研究.上海环境科学，1999，(3)：127-129.

[29] 张崇森，张大伦，罗运军.聚酰胺胺（PAMAM）树形分子在洗煤废水处理中的应用研究.能源环境保护，2003，(4)：20-24.

[30] 柳迎红，李伟民.煤泥水加药絮凝闭路循环试验研究.辽宁工程技术大学学报，2003，(2)：284-285.

[31] 李瑞琴.沙曲选煤厂煤泥水絮凝沉降的试验研究.选煤技术，2003，(2)：23-24.

[32] 白青子.聚氧硫酸根合高铁处理选煤废水试验研究.煤炭环境保护，2002，(5)：17-18.

[33] 陶斯文，杨宗梅.710 絮凝剂的应用与效果.选煤技术，2002，(6)：

27-28.

[34] 符建中，单忠健，刘双双.无机高分子铁钙铝混凝剂 PFCA 的研制及性能研究.煤矿环境保护，2000，(1)：7-9.

[35] 马向勤.煤泥水处理中值得注意的几个问题.煤矿环境保护，2002，16 (6)：39-40.

[36] 郭苗.煤泥水闭路循环技术研究.选煤技术，1999，(5)：28-30.

[37] 孙伟.两级混凝沉淀处理高浓度煤泥水.煤矿环境保护，2001，15 (1)：41-42.

[38] 黄廷林，李梅，高晓梅.结团絮凝工艺处理洗煤废水的研究.工业用水与废水，2002，(4)：23-25.

[39] 彭昌盛，梦洪，朱分梅.气浮法实现选煤厂煤泥水闭路循环的试验研究.洁净煤技术，2001，7 (1)：14-18.

[40] 陈洪砚，李铁庆，李敬峰.电絮凝法处理煤泥水的研究洗煤废水.环境保护科学，1992，(1)：43-46.

[41] 陈健.煤泥水处理技术的试验研究.沈阳：沈阳建筑大学，2005.

[42] 薛玺罡，刘或，赵寒雪等.磁处理技术在煤泥水处理中的应用.选煤技术，2000，(3)：30-31.

[43] 赵志强.煤泥水的磁处理.选煤技术，1999，(4)：13-14.

[44] 尹忠彦，卢武科，赵志强.利用磁技术改善煤浆过滤性能的研究.选煤技术，2001，(4)：12-13.

[45] 王瑞峰，李海龙.土地治理煤矿洗煤水是理想的选择.煤矿环境保护，2002，14 (1)：34-35.

[46] 李满，徐海宏.煤用化学药剂的助滤作用分析.辽宁工程技术大学学报，2003，(1)：142-144.

[47] 夏畅斌，黄念东，何绪文.表面活性剂对细粒煤脱水的试验研究.煤炭科学技术，2001，(3)：41-42.

[48] 刘军，顾国维.对影响污泥脱水性能的污染性质的评价.污染防治技术，1994，(3)：16-18.

[49] 范彬.循环水聚沉稳定性的特点——电解质阳离子对循环水聚沉作用的研究.徐州：中国矿业大学，1995.

[50] 郭德，张秀梅，吴大为.对 Ca^{2+} 影响煤泥浮选和凝聚作用机理的认识.

煤炭学报，2003，（4）：233-235.

[51] 严莲荷.水处理药剂及配方手册.北京：中国石化出版社，2004.

[52] 任刚，崔福义，林涛等.常规混凝沉淀工艺对阴离子表面活性剂的去除研究.给水排水，2004，30（7）1-6.

[53] 张明青，刘炯天，李小兵.煤泥水中黏土颗粒对钙离子的吸附实验研究及机理探讨.中国矿业大学学报，2004，33（5）：547-551.